Aus Natur und Geisteswelt
Sammlung wissenschaftlich-gemeinverständlicher Darstellungen

39. Band

Abstammungslehre und Darwinismus

Von

Prof. Dr. Richard Hesse
o. ö. Professor der Zoologie an der Universität Bonn

Sechste Auflage

28.—33. Tausend

Mit 41 Textabbildungen

Springer Fachmedien Wiesbaden GmbH 1922

ISBN 978-3-663-15675-8 ISBN 978-3-663-16252-0 (eBook)
DOI 10.1007/978-3-663-16252-0

Schutzformel für die Vereinigten Staaten von Amerika:
Copyright 1922 by Springer Fachmedien Wiesbaden

Ursprünglich erschienen bei B. G. Teubner in Leipzig 1922.
Softcover reprint of the hardcover 6th edition 1922

Alle Rechte, einschließlich des Übersetzungsrechts, vorbehalten

Vorrede zur ersten Auflage.

Dieses Büchlein ist aus sechs Vorträgen entstanden, die im Winter 1901 als Volkshochschulkurs in Stuttgart gehalten wurden. Es soll einen kurzen, aber möglichst klaren Einblick in den gegenwärtigen Stand der Abstammungslehre geben. Dem Zweck jener Vorträge entsprechend sind auch in dieser Überarbeitung möglichst wenige Vorkenntnisse vorausgesetzt: es sind die Beispiele soweit angängig aus dem heimischen Pflanzen- und Tierleben entnommen; da dem Leser, für den es geschrieben ist, ohnedies manches Neue darin begegnen wird, so ist darauf Bedacht genommen, sein Gedächtnis nur wenig durch neue Ausdrücke und durch Namen zu belasten.

Die Abbildungen, welche durch das Entgegenkommen der Verlagsbuchhandlung in ziemlicher Anzahl dem Text beigegeben wurden, sollen nicht etwa dem Büchlein ein stattlicheres Aussehen verleihen; vielmehr sollen sie der Anschauung des Lesers zu Hilfe kommen und ihm eine Vorstellung geben von Objekten, die ihm schwerlich von vornherein bekannt sein dürften.

Am Schlusse ist für solche Leser, welche nicht bloß eine vorübergehende Anwandlung, sondern lebhafteres Interesse an dem behandelten Stoffe zum Lesen dieses Büchleins veranlaßt, eine Anleitung gegeben, wie sie zu einer tieferen Einsicht in die behandelten Fragen gelangen können.

Tübingen, Weihnachten 1901.

R. Hesse.

Vorrede zur sechsten Auflage.

Wiederum ist die neue Auflage genau durchgesehen, mehrfach verbessert und stellenweise erweitert. Die Abbildung 37 ist neu hinzugekommen, 40 berichtigend für eine andere eingesetzt.

Bonn, im Januar 1922.

R. Hesse.

Inhalt.

	Seite
Einleitung	4
Beweise für die Abstammungslehre aus den Gebieten der Systematik und der vergleichenden Anatomie	8
Beweise für die Abstammungslehre aus dem Gebiet der Entwicklungsgeschichte	22
Beweise für die Abstammungslehre aus dem Gebiet der Versteinerungskunde	34
Beweise für die Abstammungslehre aus dem Gebiet der Tiergeographie	45
Auch für den Menschen gilt die Abstammungslehre	58
Die Darwinsche Theorie: die Entstehung der Arten durch natürliche Zuchtwahl oder die Erhaltung der begünstigten Rassen im Kampfe ums Dasein	67
Kritik der Zuchtwahllehre	79
Über die Vererbbarkeit der Eigenschaften	90
Von den Ursachen der Veränderungen lebender Wesen	96
Die Spaltung einer Art in mehrere als Folge von Kreuzungsverhinderung (Isolation)	111
Vom Ursprung des Lebens auf der Erde. Schluß	119
Winke für solche, welche sich mit dem behandelten Stoffe weiter beschäftigen wollen	126
Verzeichnis der Abbildungen nebst Quellennachweis	127

Einleitung.

Das Jahr 1909 war für die Wissenschaft vom Leben ein Jahr der Erinnerung an gewaltige Fortschritte. 100 Jahre waren vergangen, seit Jean Lamarck seine „zoologische Philosophie" veröffentlicht hatte, und 50 Jahre seit dem Erscheinen von Charles Darwins „Entstehung der Arten"; auf das gleiche Jahr fiel die hundertste Wiederkehr von Darwins Geburtstag. Jene beiden Werke haben eine neue Lehre verkündet und verfochten, die besonders in der zweiten Hälfte jener 100 Jahre in beispielloser Weise befruchtend und fördernd auf die Forschung einwirkte, helles Licht über viele wichtige Fragen verbreitete, neue Aufgaben stellte und eine Fülle eifrigster und erfolgreichster Forscherarbeit hervorrief, um die aber gleichzeitig heftige und erbitterte Geisteskämpfe mit einem gewaltigen Aufwand von neu herbeigeschafftem Tatsachenmaterial geführt wurden. Diese Lehre, die in der Wissenschaft von der belebten Natur in allen ihren Zweigen geradezu eine vollständige Umwälzung hervorgerufen hat, ist die Abstammungslehre oder Deszendenztheorie, früher bisweilen auch unzutreffend als Darwinismus bezeichnet.

Die Mehrzahl der Naturforscher im 18. und zu Anfang des 19. Jahrhunderts glaubte, daß die uns umgebenden Arten der Pflanzen und Tiere seit der Erschaffung der Welt beständen, daß sie noch dieselben Eigenschaften und die gleiche Lebensweise besäßen, die sie von Anbeginn bekommen hätten, und daß die Zahl dieser Arten sich nicht vermehrt oder vermindert habe. Von dieser Auffassung wich man auch nur wenig ab, als die Einsicht sich Bahn brach, daß die versteinerten Reste von Pflanzen und Tieren die Überbleibsel früherer andersgestaltiger Lebewesen seien, welche in vergangenen Zeiträumen unserer Erdgeschichte Meer und Land bevölkerten: man erklärte sich das durch die Annahme wiederholter, gewaltiger Umwälzungen (Katastrophen), welche die Lebewelt der Erde gänzlich vernichteten; neues Leben entstand dann durch neue Schöpfungsakte, um abermals vernichtet zu werden, wenn seine

Zeit gekommen war. Die Reste jener untergegangenen Lebewesen sollten uns in den Versteinerungen erhalten sein (Katastrophenlehre).

Dagegen behauptet die Abstammungslehre, daß die jetzt lebenden Pflanzen und Tiere veränderte und umgebildete Nachkommen von Pflanzen und Tieren sind, die in früheren Zeiten die Erde bevölkerten. Von den Lebewesen früherer Erdperioden, deren Reste in den Versteinerungen auf uns gekommen sind, starben viele aus, ohne durch Nachkommen bis auf unsere Zeit zu gelangen; viele andere aber erfuhren im Laufe der Zeiten allmähliche Umwandlungen, häufig so, daß sich von den Angehörigen einer Art ein Teil nach einer, andere nach einer anderen Richtung umbildeten und sich so die eine Art in mehrere Arten spaltete. Dazu ist natürlich die notwendige Voraussetzung, daß die Lebewesen nichts Feststehendes sind, sondern daß sie sich verändern und umbilden können.

So nimmt also die Abstammungslehre an, daß Arten, die einander ähnlich sind, von dem gleichen Ahn abstammen, und zwar, daß ihre gemeinsamen Vorfahren uns zeitlich um so näher stehen, je größer die Ähnlichkeit der betreffenden Nachkommen ist: die Arten der Tiere und Pflanzen wären also um so näher verwandt, je mehr sie einander gleichen. So muß man beispielsweise annehmen, daß Wolf, Fuchs und andere hundeartige Raubtiere einen gemeinsamen Vorfahren haben — nennen wir ihn „Urhund" —, ebenso daß die verschiedenen jetzt lebenden Bärenarten von einer Art, dem „Urbären", abstammen. „Urhunde und „Urbären" lebten vor langer Zeit; beide aber hatten wieder, zusammen mit noch anderen Raubtieren, einen gemeinsamen Vorfahren, den „Raubtierahn", welcher in noch älteren Zeiten lebte und mit den Vorfahren anderer Säugetierordnungen von einer noch weiter zurückliegenden gemeinsamen Ahnform abstammt. Die Entwicklung des Lebens auf der Erde ist daher nach dieser Lehre stetig und zusammenhängend, durch keine Umwälzungen unterbrochen, wie man das gleiche jetzt für die Oberflächengestalt der Erde annimmt. Die Kräfte, welche früher die Umbildung der Lebewesen bewirkten, sind auch noch jetzt an der Arbeit und können von uns mehr oder weniger leicht beobachtet werden.

Diese Anschauung, um welche so heiße, zum Teil erbitterte Kämpfe geführt worden sind, wird jetzt von den sachverständigen Beurteilern — nur einzelne Sonderlinge schließen sich aus — allgemein angenommen. Daß sie zu solcher Geltung durchgedrungen ist, verdanken wir zumeist dem zweiten der obengenannten Forscher, dem großen englischen Gelehrten **Charles Darwin**. Im Jahre 1809 geboren, schloß er sich als junger Mann von noch nicht 23 Jahren der Fahrt des Kriegsschiffes „Beagle" (= Spürhund), welches an der Küste von Südamerika kartographische Aufnahmen machen sollte, als Naturforscher an. Die Beobachtungen über die dortige Tierwelt regten ihn zuerst an, über den Ursprung der Arten nachzudenken. Nachdem er im Jahre 1836 nach England zurückgekehrt war, verfolgte er diese Frage mit größtem Eifer weiter. In der glücklichen Lage, auch ohne bezahlte Berufsarbeit ein gesichertes Einkommen zu haben, lebte er auf seinem Landgut gänzlich seinen Untersuchungen, die er über zwanzig Jahre unermüdlich fortführte; erst 1859 veröffentlichte er seine Gedanken in dem Buche „Über die Entstehung der Arten durch natürliche Zuchtwahl" und stützte sie mit der gewaltigen Wucht des aufgesammelten Tatsachenmaterials. Der Erfolg war ein außerordentlicher: man kann sagen, daß dies Buch der gesamten Forscherarbeit in der Tier-, Pflanzen- und Versteinerungskunde während der letzten fünfzig Jahre ihre Richtung gegeben hat. Von weiteren Werken Darwins nenne ich nur „Über die Abstammung des Menschen" (1871), eine Untersuchung, die eine Ergänzung zu dem vorigen bildet. Darwins gesamte wissenschaftliche Tätigkeit ist durch geschickte Stellung der Fragen und ungewöhnliche Ausdauer in ihrer Verfolgung, ruhiges Abwägen der Gründe und Gegengründe, Vorsicht im Urteilen und Anerkennung fremder Leistungen geradezu vorbildlich.

Wenn Darwin in seiner „Entstehung der Arten" durch die ungemein große Zahl und geschickte Auswahl seiner Belege dargetan hat, daß die Annahme der Abstammungslehre eine notwendige Folgerung aus den in der Natur beobachteten Tatsachen sei, so ist er wohl der geschickteste Begründer, aber nicht der Erfinder dieser Lehre: schon lange vor seiner Zeit wurden ähnliche Anschauungen vertreten, im Altertum z. B. sehr klar ausgesprochen von dem römischen Philosophen und Dichter Lukrez (98—55 v. Chr.); aber sie gründeten sich nicht auf Naturbeobachtungen, sie wurden nicht durch Beweise gestützt. Die Geschichte der Abstammungslehre als wissenschaftlicher Theorie beginnt erst 1809 mit Lamarcks (1744—1829) oben genanntem Werk. Doch fand Lamarck wenig Beifall, da seine Art der Darstellung durchaus an die naturphilosophischen Spekulationen jener Zeit erinnerte. Erst Darwins Begründung, die völlig selbständig und von jenem Vorgänger unabhängig war, hat ernsthafte Erörterungen über die Abstammungslehre herbeigeführt.

Nicht zum wenigsten aber ist es noch etwas anderes, wodurch Darwin der Abstammungslehre so schnell zur Anerkennung verhalf: er suchte durch eine fein ausgedachte Theorie darzulegen, auf welchem Wege die Umwandlung und Vervollkommnung der Lebewesen vor sich gegangen sei und noch vor sich gehe. Diese Theorie, von der einige Schlagworte, wie „Kampf ums Dasein", „natürliche Zuchtwahl", in aller Munde sind, ist Darwins eigenste Tat und daher mit Recht als Darwinismus zu bezeichnen; sie ist für ihn und viele seiner Zeitgenossen der Kernpunkt in der Begründung der Abstammungslehre gewesen. Jetzt jedoch können wir schon das eine sagen, — wenn auch der Kampf der Meinungen noch keineswegs abgeschlossen ist —, daß dieser Erklärungsversuch in seiner Tragweite sehr überschätzt worden ist. Damit wird Darwins Verdienst, der erfolgreichste Verteidiger der Abstammungslehre gewesen zu sein, nicht geringer. Wenn man aber heutzutage nicht selten hört, der „Darwinismus" sei ein überwundener Standpunkt, so gilt dieses in solcher Fassung durchaus verfehlte Urteil nicht für die Abstammungslehre als solche, sondern ist auf diesen Erklärungsversuch gemünzt. Die Anerkennung der Abstammungslehre wird damit nicht beeinträchtigt.

So müssen wir auch hier bei der Beschäftigung mit der Abstammungslehre zweierlei Fragen auseinanderhalten. Die erste ist: welche Tatsachen sind es, die uns zur Annahme dieser Lehre nötigen? und die zweite ist: welche Vorstellung müssen wir uns machen von den Vorgängen, durch welche die Umwandlung der Lebewesen bedingt wird und die Entstehung neuer Arten zustande gekommen ist? Oder mit anderen Worten wäre die erste Frage: wie können wir die Abstammungslehre beweisen? und die zweite: wie können wir die Abstammung erklären?

Beweise für die Abstammungslehre aus den Gebieten der Systematik und der vergleichenden Anatomie.

Der Beweis für die Abstammungslehre kann in der überwiegenden Mehrzahl der Fälle nur ein indirekter sein. Zwar erscheint es nicht ausgeschlossen, daß unvermittelt einmal ein Lebewesen mit neuen Eigenschaften auftritt und zur Stammform einer neuen Art wird, indem es diese Eigenschaften auf seine Nachkommen vererbt. Aber im allgemeinen ist die Spanne des menschlichen Lebens zu kurz, als daß wir vor unseren Augen aus einer Tier- oder Pflanzenart eine andere entstehen sehen könnten. Es ist zwar häufig beobachtet worden, daß Formen, die man früher für gut unterschiedene Arten hielt, untereinander in unmittelbarem Abstammungsverhältnis stehen: so gibt es z. B. manche Schmetterlinge, die jährlich in zwei Generationen vorkommen, und bei denen die Frühjahrsgeneration, die aus überwinterten Puppen ausschlüpft, sehr von der Sommergeneration verschieden ist. Die Falter, die sich im Sommer aus den Eiern der Frühjahrsform entwickeln, weichen von ihren Eltern an Größe und Färbung auffallend

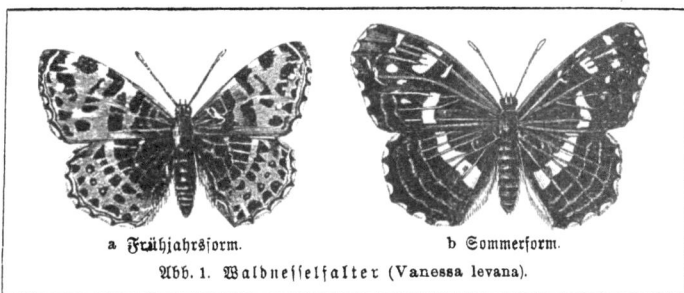

a Frühjahrsform. b Sommerform.
Abb. 1. Waldnesselfalter (Vanessa levana).

ab (Abb. 1 b), und aus den Eiern dieser Sommerform werden im nächsten Frühjahr wieder Schmetterlinge, die ihren Großeltern gleichen, von ihren Eltern jedoch verschieden sind (Abb. 1 a). Das ist aber nicht die Entstehung einer Art aus einer anderen — denn die verschiedenen Formen sind ja untereinander verwandt wie Mutter und Kind —, sondern es beweist nur, daß man irrtümlich diese beiden Formen als Arten trennte, während man sie als Saisonformen zur gleichen Art stellen muß.

Wir müssen also unseren Beweis indirekt führen: wir bringen eine Menge unzweifelhafter Tatsachen bei, die sich leicht und überraschend erklären lassen durch die Annahme einer Deszendenz, einer Abstammung der jetzigen Lebewelt von gemeinsamen Vorfahren, die aber ohne eine solche Annahme unverständlich bleiben, und die man nicht vermenschlichend als Schöpferweisheit, sondern höchstens als Schöpferlaunen auffassen kann. Wenn auch eine vereinzelte solche Tatsache nicht schwer ins Gewicht fallen würde, so muß doch die erdrückende Masse von Belegen, welche alle nach der gleichen Richtung zeigen, zu einer völligen Gewißheit führen. Wer sich freilich solchen Beweismitteln verschließen will, dem steht es frei, auf eine Erklärung ganz zu verzichten, nur weil

er die gegebene nicht annehmen will, und so den ärmlichen Rückzug
anzutreten in den „Schlupfwinkel unserer Unkenntnis". Bei der Be-
schränktheit des Raumes, der hier zu Gebote steht, müssen wir uns
allerdings auf eine spärliche Auswahl aus der Unmenge von Beweis-
gründen beschränken; aber auch diese schon werden genügende Über-
zeugungskraft haben.

Zuerst haben wir die Vorfrage zu erledigen, ob die jetzigen Lebewesen überhaupt umbildungsfähig sind; denn nur dann können wir
annehmen, daß sie es auch früher gewesen sind. Es muß sich dann
nachweisen lassen, daß die Angehörigen der gleichen Art[1]) in einem
gewissen, wenn auch beschränkten Maße voneinander verschieden sind
und sich nicht gleichen wie etwa zwei gute Abzüge desselben Holzschnittes.
Das ist nicht schwer zu erkennen: wer den Schalen von Schnecken und
Muscheln einige Aufmerksamkeit schenkt, der weiß, daß unsere Wein-
bergschnecke auf kalkigem Boden viel größere und dickere Gehäuse hat
als auf Granit oder Sandstein und daß die Formen der Gehäuse nach
den verschiedenen Fundorten beträchtlich wechseln; doch ist sie immerhin eine wohlumschriebene Art, bei deren Abgrenzung sich keine Schwierigkeiten ergeben. Anders ist es mit unserer Teichmuschel (Anodonta):
je nachdem sie aus klaren Teichen, aus stillen Buchten von Flüssen,
aus pflanzenreichen Altwassern, aus moorigen Sümpfen oder aus
größeren Seen stammt, ist die Verschiedenheit der Form und Beschaffenheit ihrer Schale eine so große, daß man früher fünf und mehr Arten
glaubte unterscheiden zu müssen; erst neuerdings, als man diese Formen durch zahlreiche Übergänge miteinander verbunden fand, hat man
diese Arten zu einer einzigen vereinigt, innerhalb deren dann einzelne
Variationskreise unterschieden werden. Jeder, der sich mit irgendeiner
Tier- oder Pflanzengruppe eingehender beschäftigt, wird auf solche

1) Die Abteilungen des Systems, welche wir im folgenden öfters zu er-
wähnen haben, sind folgende: das Einzelwesen oder Individuum (z. B.
der Hund „Waldmann") gehört mit vielen anderen seinesgleichen zu einer
Art (Haushund), in welcher oft noch Unterarten, Varietäten oder Rassen
(Dachshund, Spitz) unterschieden werden; mehrere Arten bilden eine Gattung
(Hund; dazu außer dem Haushund auch Fuchs, Wolf, Schakal); die nächst-
höhere Abteilung, die Familie (hundeartige Tiere), umfaßt mehrere ähnliche
Gattungen (Hund, Löffelhund), und mehrere Familien (außer den hundeartigen
z. B. katzenartige, bärenartige, marderartige Tiere) gehören zu einer Ordnung
(Raubtiere). Eine Klasse (Säugetiere) begreift mehrere Ordnungen (außer
den Raubtieren z. B. die Fledermäuse, Nager, Affen) und bildet mit anderen
Klassen (z. B. Vögel, Fische) einen Kreis (Wirbeltiere).

Unbeständigkeit der Formen innerhalb der als Arten unterschiedenen Bezirke stoßen, wodurch die Bestimmung einzelner Stücke oft sehr erschwert wird. So haben von drei gewissenhaften Forschern, welche die Arten der Gattung „Habichtskraut" (Hieracium) in Deutschland genau studierten, der eine 52, der andere 106, der dritte über 300 Arten unterschieden!

Man sollte glauben, daß eine genaue Umgrenzung dessen, was man als Art zu betrachten hat, solche Uneinigkeit beseitigen könnte. Aber gerade die darauf gerichteten Bemühungen haben gezeigt, daß der Artbegriff nicht fest und eindeutig zu begrenzen ist. Die beste der aufgestellten Bestimmungen lautet: „Eine Art ist der Inbegriff aller Lebensformen, welche die wesentlichen Eigenschaften gemein haben, voneinander abstammen und deren Nachkommen miteinander fruchtbar sind."

In betreff der ersten Forderung können die Ansichten weit auseinander gehen, was eine wesentliche Eigenschaft ist und was nicht; die zweite Bestimmung besagt, daß die verschiedenen Altersstufen, wie Raupe, Puppe und Schmetterling, und daß verschiedene Generationen derselben Entwicklungsreihe, wie die Saisonformen der Schmetterlinge (S. 9), zu einer Art zu rechnen sind — im übrigen wird sie im Stiche lassen wie z. B. bei den verschiedenen Formen der Teichmuscheln.

Die dritte Angabe, daß die Individuen zur gleichen Art gehören, wenn sie miteinander fruchtbare Nachkommen erzeugen können, gründet sich auf die wichtige Erfahrung, daß die Nachkommen aus der Paarung verschiedener Arten unfruchtbar sind: Angehörige entfernter stehender Arten, wie Rind und Pferd, kommen ja nie zur Paarung; andere Arten, die einander näher stehen, wie Pferd und Esel oder Pferd und Zebra, können zwar Nachkommen erzeugen, die Maultiere bzw. die Zebroiden, aber diese selbst sind unfruchtbar; dagegen sind die Nachkommen von Pferden zweier verschiedener Rassen wiederum fruchtbar, diese Rassen gehören eben der gleichen Art an. Ich habe hier Haustiere angeführt, um bekannte Beispiele zu bringen; für wild lebende Tiere liegen dieselben Verhältnisse vor. Da die Bastarde zwischen ihren Eltern etwa die Mitte halten, würden sich ja auch sonst die Grenzen der Arten in der Natur ganz verwischen und die Arten infolge der wechselseitigen Kreuzung ihrer Angehörigen durch zwischenstehende Bastardformen verbunden sein. Freilich kennen wir auch hier einige Ausnahmen: es gibt einzelne Tiere, die man sicher als verschiedene Arten betrachten muß und deren Bastarde mit den Elternarten (z. B. Lachs und Forelle), andere sogar auch unter sich mit Erfolg gekreuzt werden können (z. B. Ibis und Löffelreiher), und bei den Pflanzen findet man allerhand Abstufungen von unfruchtbaren bis zu völlig fruchtbaren Kreuzungen verwandter Arten. Kurz, es ergibt sich, daß der Unterschied zwischen nahe verwandten Arten und Varietäten der gleichen Art nicht immer festzustellen ist, eine Tatsache, die sich sicher am besten damit erklärt, daß man in verwandten Arten frühere Varietäten derselben Stammart, in Varietäten aber in der Entwicklung begriffene Arten sieht.

Wenn sich schon die Schwierigkeiten in der Abgrenzung der Arten in bester Übereinstimmung mit den Aussagen der Abstammungslehre finden, so reden viele auffällige Erscheinungen, die sich bei der Vergleichung des anatomischen Aufbaues der Tiere aufdrängen, eine noch weit deutlichere Sprache. Greifen wir zunächst ein Beispiel heraus: Die Walfische werden vom Volk und von den Seeleuten meist für Fische gehalten wegen ihrer an das Wasser gebundenen Lebensweise, ihrer spindelförmigen Gestalt, wegen des Mangels eines abgesetzten Halses und des Vorhandenseins von Flossen — der Tierkundige erkennt sie jedoch ohne weiteres als echte Säugetiere: denn sie entnehmen den für das Leben nötigen Sauerstoff nicht durch Kiemen aus dem Wasser, sondern atmen durch Lungen atmosphärische Luft; sie haben warmes Blut, und die Weibchen bringen lebendige Junge zur Welt und säugen diese. Aber alle übrigen Säugetiere haben doch zwei Paar Gliedmaßen — wo sind diese bei den Walen?

Für die Vordergliedmaßen liegt ein Vergleich mit den Brustflossen der Wale nahe, welche an der entsprechenden Stelle am Körper ansetzen. Äußerlich zwar können wir an dieser Flosse keine Abschnitte erkennen, die dem Ober- und Unterarm und der Hand vergleichbar wären. Die innere Untersuchung aber zeigt, daß sie ein Knochengerüst besitzt, welches dem einer Vordergliedmaße bei anderen Säugern in der Zusammensetzung gleichkommt (Abb. 6 d): einen Oberarmknochen, zwei Unterarmknochen, eine Anzahl Handwurzelknochen, fünf Mittelhandknochen und an sie ansetzend fünf Reihen kleiner Knochen, die fünf Finger. Nur sind alle diese Knochen sehr verkürzt und nicht rundlich wie sonst bei Säugern, sondern plattgedrückt, so daß sie eine möglichst breite Fläche bilden. Die Finger sind zwar im Innern angelegt, äußerlich sind sie aber nicht getrennt. Bei der Vordergliedmaße des Menschen und der übrigen Säugetiere ist die Hand gegen den Unterarm und die Finger gegen die Hand leicht und ausgiebig beweglich; hier aber finden wir statt der Gelenke eine feste Bandverbindung, die nur geringe Biegung gestattet. Der Schwanzflosse dagegen fehlt ein entsprechendes Knochengerüst, sie hat nur eine knöcherne Achse, bestehend aus einer Reihe von Knochen, die das Ende der Wirbelsäule darstellt; der bei manchen Arten vorkommenden Rückenflosse fehlt eine Knocheneinlage ganz.

Woher dieser Unterschied zwischen den Flossen, wozu die komplizierte Skelettbildung im Inneren der Brustflosse, die doch für die einfache Verwendung des Gebildes als Steuerruder überflüssig erscheint? Dies ist nur so zu erklären: die Walfische stammen von anderen, ursprünglich landlebenden Säugetieren ab, und mit dem allmählichen Übergang zum Wasserleben hat sich ihr Körperbau verändert: die Schwanzflosse entstand am Ende der Wirbelsäule als Neubildung aus zwei Hautfalten und enthält daher außer den Schwanzwirbeln keine Knochenbildungen, ebenso ist die Rückenflosse ursprünglich eine Hautfalte und entbehrt daher der Skeletteile; dagegen wurde die Brustflosse durch Umwandlung der Vordergliedmaße gebildet: ihr Ursprung von einem fünffingrigen Vorderfuß wird noch dargetan durch die Knochenanordnung in ihrem Innern; aber eine äußerliche Fünfteilung ist für die Ver-

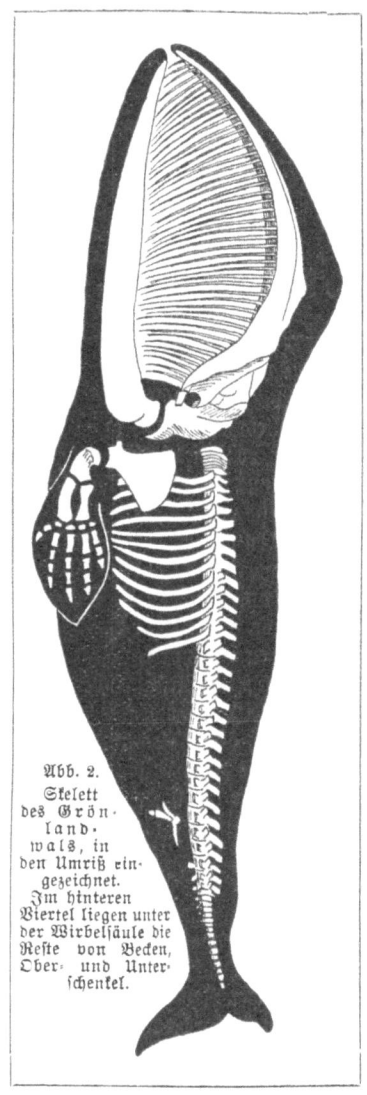

Abb. 2. Skelett des Grönlandwals, in den Umriß eingezeichnet. Im hinteren Viertel liegen unter der Wirbelsäule die Reste von Becken, Ober- und Unterschenkel.

14 Beweise aus der Systematik und der vergleichenden Anatomie

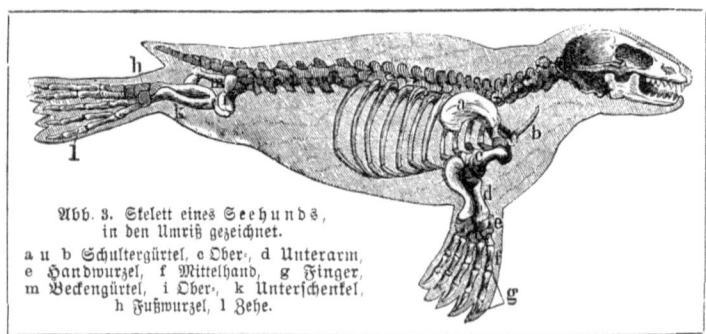

Abb. 3. Skelett eines Seehunds, in den Umriß gezeichnet.
a u b Schultergürtel, c Ober-, d Unterarm, e Handwurzel, f Mittelhand, g Finger, m Beckengürtel, i Ober-, k Unterschenkel, h Fußwurzel, l Zehe.

wendung als Ruder wertlos, ja wahrscheinlich sogar nachteilig; daher die Verbindung der Finger. Aber, wenden wir ein, wo sind denn die Hintergliedmaßen des ursprünglich vierfüßigen Säugetiers geblieben? Bei den meisten Walfischen suchen wir vergeblich nach Spuren von solchen: nur von dem Aufhängeapparat derselben, dem Becken, sind geringe Reste vorhanden; bei einigen Arten jedoch, z. B. dem Grönlandwal, finden wir außer den Resten eines Beckengürtels auch einen kurzen Ober= und Unterschenkel (Abb. 2), an die sich jedoch keine weiteren Knochen anschließen; diese Schenkelknochen springen aber äußerlich nicht hervor, sie liegen ganz im Fleisch verborgen.

Bei den Seehunden (Abb. 3) haben ebenfalls die Gliedmaßen eine flossenartige Gestalt; aber die Vorderflossen enthalten nicht bloß innerlich die gleichen Knochenstücke wie z. B. der Arm des Menschen, sondern lassen auch äußerlich die Finger noch erkennen, wenn diese auch durch derbe Häute zu einer einheitlichen Paddel verbunden sind; die Finger tragen sogar am Ende noch Krallen. Diese Brustflossen werden auch noch zur Fortbewegung auf dem Lande gebraucht, haben daher auch eine größere Beweglichkeit. Auch eine schwanzflossenartige Bildung kommt bei den Seehunden zustande, indem zwei seitlich stehende flossenartige Anhänge nach hinten ausgestreckt sind und das Körperende überragen; die genauere Untersuchung zeigt in jedem dieser Anhänge die Skeletteile, welche der Hintergliedmaße eines Säugers zukommen, und da bei einigen Robbenformen, den Seelöwen, diese Flossenbildungen auch noch zum Gehen benutzt werden können, bei den meisten freilich nicht, so kann kein Zweifel sein, daß es hier die flossenartig umgebildeten Hinterbeine sind, die die Verrichtung der Schwanzflosse übernehmen.

Walfisch und Seehund 15

Abb. 4. Pinguine, unter Wasser schwimmend.

Wenn wir uns nun die Frage vorlegen: ist es wahrscheinlicher, daß Walfisch und Seehund von Anfang an zum Wassertier geschaffen wurden, wie es z. B. die jüdische Schöpfungssage vom ersteren berichtet, oder daß sie von ursprünglich landlebenden Tieren abstammen, die sich allmählich ans Wasserleben gewöhnten und dabei Umbildungen in ihrem Bau erfuhren, so kann kein Zweifel sein, welche Erklärung besser zutrifft. Der innere Bau der Vorderflossen erklärt sich bei beiden nur durch eine solche Abstammung, und die Verschiedenheit der Schwanzflossen wird durch ihren verschiedenen Ursprung klar; die andere Auffassung würde uns bei diesen Fragen völlig im Stich lassen.

Wie beim Walfisch finden wir eine vorzügliche Anpassung an das Wasserleben beim Pinguin. Als Vogel erkennen wir ihn an seinen Federn; aber da, wo andere Vögel ihre Flügel tragen, hat er kurze flache Ruder, die viel zu klein sind, um zum Fliegen verwendet zu werden; bei seinen Tauchkünsten jedoch, welche die aller anderen Wasservögel übertreffen, benutzt er sie ausgiebig zur Fortbewegung im Wasser (Abb. 4). Auch seine Hinterfüße sind zu Rudern umgewandelt, durch Schwimmhäute zwischen den Zehen, wie bei anderen

16 Beweise aus der Systematik und der vergleichenden Anatomie

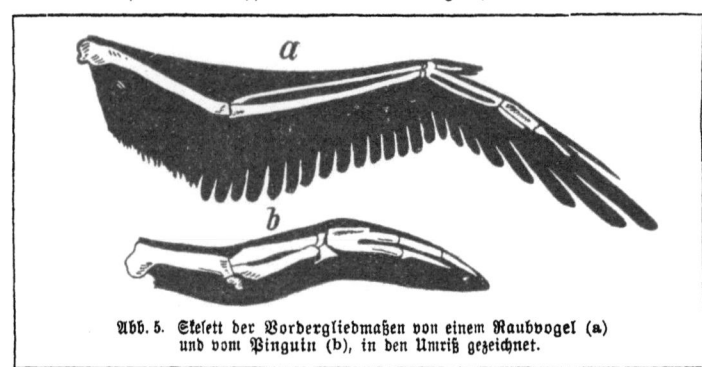

Abb. 5. Skelett der Vordergliedmaßen von einem Raubvogel (a) und vom Pinguin (b), in den Umriß gezeichnet.

Wasservögeln. Weshalb sind nun die Vorderruder anders gebaut als die hinteren?

Die anatomische Untersuchung zeigt, daß in dieser Flosse des Pinguins eine Anzahl Knochen liegen, die an Zahl und gegenseitiger Anordnung völlig denen entsprechen, die das Skelett des Flügels bei einem fliegenden Vogel (Abb. 5a) zusammensetzen: ein Ober- und zwei Unterarmknochen, ein paar Handwurzelknochen, drei miteinander verwachsene Mittelhandknochen und drei Finger. Gerade die Vereinfachung der äußeren Handteile, von der Handwurzel an, die für das Knochengerüst des Vogelflügels bezeichnend ist, und insbesondere die geringe Zahl der Finger, die ja bei den Wirbeltieren sonst meist in der Fünfzahl vorhanden sind, finden wir auch am Pinguinruder (Abb. 5b). Die für die Verwendung als Flosse so nützliche Verbreiterung der vorderen Gliedmaße kommt nicht durch besondere Skelettanordnung, sondern durch die plattgedrückte Form der einzelnen Knochen zustande. Dieser Bau des Pinguinruders ist nur so zu erklären, daß dasselbe der umgewandelte Flügel eines Flugvogels ist, mit anderen Worten, daß der Pinguin von flugfähigen Ahnen abstammt, welche durch Umbildung der Flügel zu Rudern dem Wasserleben in hohem Grade angepaßt wurden, dabei aber die Flugfähigkeit völlig einbüßten. Sehen wir doch bei den Alken und Steißfüßen, daß sie ihre verhältnismäßig kleinen Flügel außer zum Fliegen auch zum Rudern unter Wasser gebrauchen. Die Annahme jedoch, daß der Pinguin von vornherein für das Wasserleben geschaffen sei, gibt uns keine einleuchtende Erklärung für eine solche Zusammensetzung des Skeletts der Pinguinflosse.

Verschiedene Flossen. Analogie und Homologie

So sind beim Walfisch und beim Pinguin die Vordergliedmaßen in gleicher Weise als Ruder ausgebildet, aber ihr Bau ist verschieden. Wir verstehen ihren Aufbau also nicht aus ihrer Verrichtung, sondern aus ihrer Geschichte; die Walfischflosse ist eben der Vorderfuß eines Säugetieres, die Pinguinflosse ein Vogelflügel.

Wesen wie die Engel, von Wirbeltiergestalt, aber mit drei Paar Gliedmaßen, kennt die Naturgeschichte nicht. Wo bei Wirbeltieren Gliedmaßen zum Fliegen in der Luft oder zum Rudern im Wasser vorkommen, sind sie durch Umbildung eines der zwei vorhandenen Gliedmaßenpaare entstanden!

In der vergleichenden Anatomie bezeichnet man solche Organe verschiedener Tiere, welche den gleichen Bauplan aufweisen und zum übrigen Körper in gleicher Weise angeordnet sind, als **homologe Organe**; je vollkommener diese Gleichheit ist, um so höher ist der Grad der Homologie. Organe jedoch, welche die gleiche Verwendung im Haushalt verschiedener Tiere haben, sind **analog**. Homologie und Analogie, also gleicher Bau und gleiche Verwendung, treffen sehr häufig zusammen: so haben beim Menschen und beim Bären die Hintergliedmaßen den gleichen Bau und dienen hier wie dort zum Tragen und Fortbewegen des Körpers. Häufig aber fallen Homologie und Analogie nicht zusammen: die vorderen Gliedmaßen bei Mensch, Bär, Fledermaus und Walfisch (Abb. 6a—d) haben zwar die gleiche Anordnung der Skeletteile (einen Ober= und zwei Unterarmknochen, eine Anzahl Handwurzel=, fünf Mittelhandknochen und fünf aus Knochenreihen bestehende Finger); sie dienen aber verschiedenen Verrichtungen: der Menschenarm zum Greifen, der Vorderfuß des Bären zum Gehen, der Arm der Fledermaus als Flügel, die Flosse des Walfisches als Ruder; und dementsprechend sind ihre einzelnen Teile umgebildet: verlängert, verkürzt, verbreitert. Analoge Organe, die nicht direkt homolog sind, die also bei gleicher Verrichtung verschiedenen Bau haben, sind z. B. die Vorderflossen von Walfisch und Pinguin, die wir schon besprachen, oder die Flügel der Fledermaus (Abb. 6c), des Raubvogels (Abb. 5a) und des Pterodactylus (Abb. 7), einer ausgestorbenen Flugeidechse: bei allen dreien kommt der Flügel zwar durch Umbildung der vorderen Gliedmaße, aber in sehr verschiedener Weise zustande; beim Vogel wird die Flügelfläche durch die Schwungfedern, bei der Fledermaus und dem Pterodactylus durch Flughäute hergestellt, die aber bei beiden wieder in verschiedener Weise ausgespannt werden.

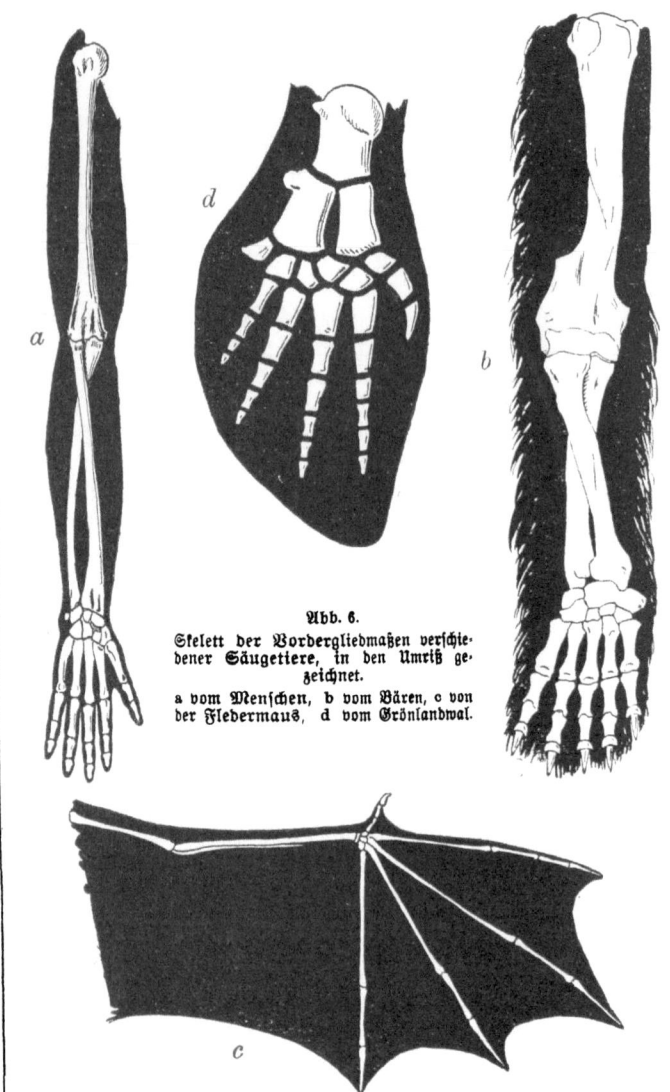

Abb. 6.
Skelett der Vordergliedmaßen verschiedener Säugetiere, in den Umriß gezeichnet.

a vom Menschen, b vom Bären, c von der Fledermaus, d vom Grönlandwal.

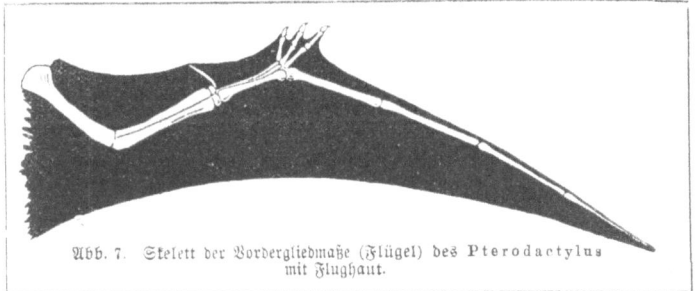

Abb. 7. Skelett der Vordergliedmaße (Flügel) des Pterodactylus mit Flughaut.

Wichtig ist aber folgendes: Wo wir bei zwei Tieren eine Anzahl von Organen homolog finden, da sind es auch die übrigen, da ist es der ganze Bau. So sind beim Bären und beim Walfisch nicht nur die Vordergliedmaßen homolog, sondern z. B. auch die Haut, die Kiefer, die Augen, die inneren Organe. Das erklärt sich aus der Abstammungslehre auf das leichteste: wenn zwei Tiere von gemeinsamen Ahnen abstammen, so haben sie von ihnen einen ähnlichen Bau ererbt, alle ihre Organe sind homolog, mögen sie gebraucht werden, wozu es auch sei. Wenn dagegen bei zwei Tieren gewisse Organe analog sind, so ist es gar nicht notwendig, daß die anderen es gleichfalls sind: beim Walfisch und Pinguin sind die Brustflossen zwar analog, dagegen fehlt die Analogie sonst bei anderen Organen, so bei den Hintergliedmaßen und dem Schwanz. Die Analogie ist eben bedingt durch die Lebensweise: ein Lufttier hat Flügel und ein Schwimmer hat Flossen, mögen sie abstammen woher es auch sei.

Doch kehren wir nochmals zum Walfisch zurück! Wie wir sahen, haben die Walfische keine hinteren Gliedmaßen; doch finden sich, im Fleisch verborgen, Reste eines Beckengürtels, und bei einigen Arten auch die von Schenkelknochen (Abb. 2), die aber völlig ohne Verwendung sind und ohne Schaden fehlen könnten, wie ja die letzteren bei vielen Arten von Walfischen wirklich fehlen. Man nennt derartige funktionslose Andeutungen von Organen, die bei anderen Tieren in voller Ausbildung und Gebrauchsfähigkeit vorhanden sind: rudimentäre Organe. Wir begegnen solchen Bildungen sehr häufig bei den Tieren. So hat das ausgebildete Rind im Oberkiefer keine Schneidezähne; mit der beweglichen Zunge ergreift es ein Bündel Gras und drückt es gegen die Schneidezähne des Unterkiefers, die wie ein Messer durchschneiden,

20 Beweise aus der Systematik und der vergleichenden Anatomie

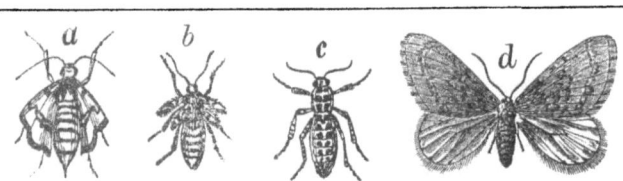

Abb. 8. a—c Weibchen von spannerartigen Schmetterlingen, mit verschieden weit zurückgebildeten Flügeln.

a von Hibernia progemmaria, b vom kleinen Frostspanner, c vom großen Frostspanner, d Männchen vom kleinen Frostspanner, mit gut ausgebildeten Flügeln.

ohne der Gegenwirkung oberer Zähne zu bedürfen; dagegen finden wir beim Kalb vor der Geburt im Oberkiefer die Zähne in gleicher Weise vorgebildet wie im Unterkiefer; während aber diese letzteren nach der Geburt durchbrechen, werden jene zurückgebildet und verschwinden ganz, ohne jemals zum Beißen benutzt zu sein. In gleicher Weise fehlen bei einer Abteilung der Wale, den Bartenwalen, die Zähne vollständig; zwei Reihen langer, dicht hintereinander stehender Hornplatten, die vom Gaumen entspringen, die Barten, bilden einen Seihapparat, an dem beim Durchseihen des Meerwassers die kleinen aus Schnecken und Krebschen bestehenden Beutetiere des Wals hängen bleiben; aber bei den noch ungeborenen Jungen sind im Ober= wie Unterkiefer Zähne vorhanden, die niemals durchbrechen und vor der Geburt schwinden. Oder ein anderes Beispiel: beim Maulwurf, der den größten Teil seines Lebens im Dunkel seiner Gänge zubringt, sind die Augen sehr klein und unter den Haaren des Pelzes versteckt; unter diesen Umständen ist es ausgeschlossen, daß sie dem Tiere eine Wahrnehmung von Bildern, d. h. von Formen und Farben der Gegenstände, übermitteln, sondern sie vermögen wahrscheinlich nur Helligkeitsunterschiede bemerkbar zu machen; ihr Bauplan ist jedoch der gleiche wie bei den übrigen Säugern, wenn auch die einzelnen Teile in ihrer Entwicklung gehemmt sind. Oder ein viertes Beispiel: bei manchen Nachtschmetterlingen, z. B. dem großen (Hibernia defoliaria) und dem kleinen Frostspanner (Cheimatobia brumata) können nur die Männchen (Abb. 8d) fliegen, die Weibchen sind flugunfähig und sind darauf beschränkt, mit Hilfe ihrer Beine an den Bäumen in die Höhe zu klettern — aber sie besitzen beim kleinen Frostspanner und Verwandten (Abb. 8 b u. a) noch mehr oder weniger große Flügelstummel, deren Nutzen nicht einzusehen ist; beim großen Frostspanner (Abb. 8 c) fehlen dem Weibchen

Rudimentäre Organe

die Flügel ganz. Die oberen Schneidezähne des Kalbes, die Zähne der Bartenwale, das Auge des Maulwurfs, die Flügelstummel jener Schmetterlingsweibchen sind rudimentäre Organe wie die Beckenreste des Walfisches. Wie sind sie zu erklären? Wenn die Tiere in dem Zustand, in dem sie jetzt sind, erschaffen wurden, wozu dann solch unnütze Teile? Sind sie „nur der Symmetrie wegen" da, oder „um das Schema der Natur zu ergänzen", nun, weshalb fehlen dann so vielen Walfischen auch jene spärlichen Reste des Oberschenkels, und weshalb hat das Weibchen des großen Frostspanners auch keine Spur mehr von Flügeln?

Ein Vergleich aus sprachlichem Gebiet soll uns hier zu Hilfe kommen. Im Englischen werden die Worte oft ganz anders geschrieben, als sie gesprochen werden. So gibt es ein Wort knight, gesprochen „nait", es bedeutet Ritter und ist, wie die Sprachforscher leicht nachweisen können, desselben Stammes wie unser Wort Knecht, das in dem abgeleiteten „Landsknecht" ja auch in der Bedeutung näher kommt. Diesem gleicht es auch in der Schreibweise weit mehr als in der Aussprache: das k und der Zischlaut sind mit der Zeit nicht mehr gesprochen worden und erscheinen jetzt nur noch im geschriebenen Wort, sie sind „rudimentäre Organe" des Wortes. Die Schreibweise wird nur erklärlich dadurch, daß das Wort „nait" von einem anderen abstammt, in dem auch das k und der Zischlaut gesprochen wurden, sie wird verständlich aus der Geschichte des Wortes; sie wäre unerklärlich, wenn das Wort von jeher „nait" gelautet hätte.

So werden die rudimentären Organe verständlich aus der Geschichte des Tieres, bei dem sie vorkommen: der Beckenrest des Walfisches beweist uns, daß seine Vorfahren einst zwei wohlausgebildete Gliedmaßenpaare besaßen; vor vielen, vielen Generationen hatten die Ahnen der Rinder obere Schneidezähne, von denen jetzt beim Kalb die ersten Anlagen vorübergehend auftreten; die Ahnen der Bartenwale hatten bezahnte Kiefer; der Maulwurf stammt von gut sehenden Tieren ab, und bei den Vorfahren jener Schmetterlinge waren auch die Weibchen mit wohlausgebildeten Flügeln versehen: das sind die Folgerungen, die sich bei der Betrachtung dieser Tatsachen ergeben. Aber noch mehr, wir belauschen die Natur hier geradezu bei ihrem Wirken. Wenn wir beim Grönlandswal die Reste der Schenkelknochen so erklären, daß seine Ahnen einst diese Knochen und überhaupt die ganzen Hintergliedmaßen in ähnlicher Ausbildung wie die übrigen Säugetiere besaßen, so kann kein Zweifel sein, daß bei seinen näheren Vorfahren auch einmal noch Reste der Fußwurzel usw. auftraten, die aber allmählich verschwunden sind, und daß ebenso die übrigen Wale, bei denen Schenkelreste überhaupt nicht mehr vorhanden sind, einst solche besaßen, jetzt aber dieselben verloren haben. Das Rudimentärwerden ist offenbar nur eine Vorstufe für das völlige Verschwinden der betreffenden Organe. Bei den Spannern können wir eine ganze Reihe von Formen mit verschieden weit zurückgebildeten Flügeln aufstellen: bei einem Verwandten des großen Frostspanners (Abb. 8a) hat das Weibchen noch ziemlich große Flügel, die jedoch zum Fliegen zu klein sind; der kleine Frostspanner zeigt uns eine weiter fortgeschrittene Stufe der Rückbildung; beim großen Frostspanner ist diese bis zur Vollendung gediehen.

Solcher Beispiele wie die hier besprochenen gibt es noch unendlich viele. Die Einzelfälle, die wir kennen lernten, sind nur Stückwerk gegenüber dem Gesamtbild, welches sich dem darbietet, der den Stand der vergleichenden anatomischen Wissenschaft zu überblicken vermag. Da redet alles zusammen die gleiche Sprache: die Lebewesen, welche jetzt die Erde bevölkern, sind nicht so erschaffen: wie sie jetzt sind, sondern haben sich im Laufe der Zeiten aus andersgestaltigen Vorfahren entwickelt.

Beweise für die Abstammungslehre aus dem Gebiet der Entwicklungsgeschichte.

Eine zweite Reihe von Tatsachen, die mit größtem Nachdruck für die Abstammungslehre ihr Zeugnis abgeben, bietet uns die Entwicklungsgeschichte, jene Wissenschaft, die ein großer Bahnbrecher als den „wahren Lichtträger für Untersuchungen über organische Körper" gerühmt hat. Das Verfolgen der Wandlungen, welche Tiere und Pflanzen von dem ersten, oft dem unbewaffneten Auge kaum sichtbaren Keim bis zum fertig ausgebildeten Individuum durchlaufen, ist an sich schon eine würdige Aufgabe des Forschungseifers; weit fesselnder aber werden diese Vorgänge, wenn man sie im Zusammenhang mit den wichtigen Grundfragen betrachtet, deren Erörterung wir uns hier zur Aufgabe gemacht haben.

Gehen wir einmal aus vom Hühnerei, an dem schon vor 2300 Jahren der große Grieche Aristoteles die ersten entwicklungsgeschichtlichen Untersuchungen gemacht hat: nach Verlauf von drei Tagen und drei Nächten der Brütung fand er die ersten Spuren des jungen Hühnchens darin, als einen blutroten Fleck, der sich rhythmisch bewegt und hüpft: dieser „springende Punkt" ist das Herz. Mit unsern Hilfsmitteln können wir jetzt schon viel früher die Anlage des Hühnchens erkennen, und am dritten Tage unterscheiden wir bereits Kopf, Hals und Schwanz, Gehirn und Rückenmark und andere Teile (Abb. 9, IIIa). Das Ganze aber sieht dem fertigen Küchlein noch nicht sehr ähnlich. Was unsere Aufmerksamkeit besonders fesselt, das sind drei, später vier parallele Furchen jederseits am Halse des Keimlings, denen innen im Schlund taschenartige Aussackungen entsprechen; Furchen und Schlundtaschen würden miteinander ebenso viele Spalten bilden, die den Schlund mit der Außenwelt verbinden, wenn nicht ein dünnes Häutchen jedesmal trennend zwischen beiden stünde; vielleicht kommt es bei den vordersten Furchen für kurze Zeit wirklich zu einem engen Durchbruch, der jedoch wieder verwächst. Zwischen je zwei Furchen der gleichen Seite ist die Schlundwand balkenartig verdickt, und durch jeden dieser Balken verläuft ein Blutgefäß, das sein Blut unmittelbar vom Herzen erhält; alle diese Gefäße vereinigen sich dann auf der Rückenseite des Schlundes zur großen Körperschlagader.

Die Bedeutung dieser Bildungen wird uns klar, wenn wir den Keimling eines Fisches oder Frosches betrachten: auch dort finden sich am Hals des Tierchens (Abb. 9, Ia bis c) die gleichen äußeren Furchen und inneren Schlundtaschen, nur noch eine mehr jederseits; aber das Häutchen, das beide anfangs trennt, bricht stets durch, so daß wirklich Spalten entstehen. Die Schleimhaut an der Wand dieser Spalten erhebt sich zu dünnen Falten und Fädchen, in welche von dem zwischen den Spalten verlaufenden Blutgefäß feine Ästchen hineinwuchern, und so entstehen die Kiemen, welche dem jungen Fisch oder der Kaulquappe zum Atmen im Wasser dienen: daher nennt man die Spalten Kiemenspalten, und die Teile der Schlundwand, welche die Kiemenspalten einer Seite voneinander trennen, sind die Kiemenbögen. Die in den Kiemenbögen verlaufenden Blutgefäße führen das Blut vom Herzen zu den Kiemen, damit es hier frischen Sauerstoff aus dem Wasser aufnehme und die im Körper aufgenommene Kohlensäure (gleichsam den Rauch der Körpermaschine) nach außen abgebe. So gereinigt, geht das Blut dann in den Körper.

Beim Hühnchen haben wir offenbar das gleiche: wir haben Anlagen von Kiemenspalten, die aber gar nicht oder nur unvollkommen zum Durchbruch kommen; dazwischen stehen Kiemenbögen, in denen die Ge-

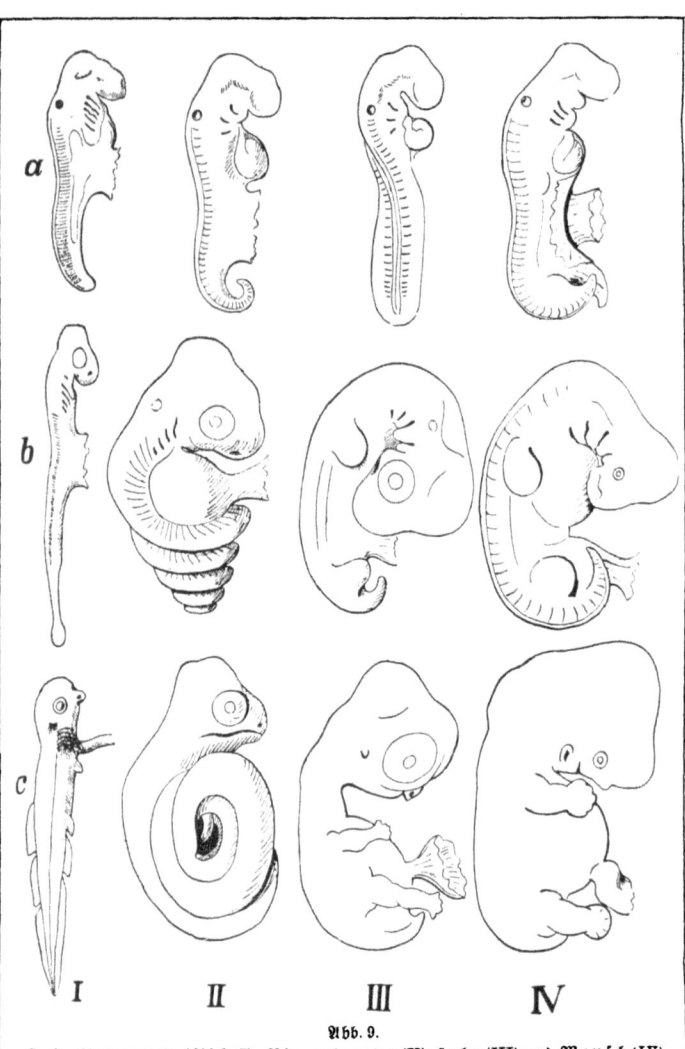

Abb. 9.
Keimlinge von Haifisch (I), Ringelnatter (II), Huhn (III) und Mensch (IV), jeder in drei verschiedenen Altersstufen (a—c).
Bei der ersten und zweiten Stufe sind die Kiemenspalten am Halse deutlich zu sehen.

sätze den gleichen Verlauf haben wie beim Fisch oder bei der Kaulquappe — aber Kiemen fehlen. Das Hühnchen bekommt auch niemals solche; es lebt ja nie im Wasser wie Fisch und Kaulquappe, und noch ehe es ausschlüpft, werden die Kiemenfurchen und Schlundtaschen größtenteils zurückgebildet. Ganz ebenso finden wir bei einem jungen Nattern=Keimling (Abb. 9, II) oder Säugetier=Keimling (Abb. 9, IV) zeitweilig Kiemenbögen, Kiemenfurchen und Schlundtaschen, überhaupt bei jedem Reptil, Vogel und Säugetier.

Kiemen sind aber nur Atemwerkzeuge für Wassertiere; wie kommen diese luftatmenden Tiere zu Einrichtungen, die mit der Kiemenatmung zusammenhängen und die ja doch vor der Geburt zurückgebildet werden, ohne je benutzt zu sein? Da erinnern wir uns der zurückgebildeten oberen Schneidezähne beim Kalb oder des Beckengürtels beim Walfisch; auch die Kiemenfurchen und =bögen der Reptilien, Vögel und Säugetiere sind rudimentäre Organe, die ererbt wurden von Vorfahren, bei denen sie noch in vollem Gebrauch waren, die aber, nachdem die Lungen die Funktion der Atmung übernommen hatten, keine Verwendung mehr fanden und der Rückbildung verfielen. Das heißt nichts anderes als: Reptilien, Vögel und Säugetiere stammen ab von Vorfahren, die durch Kiemen atmeten wie Fische; da aber die Kiemen nur bei wasserlebenden Tieren der Atmung dienen können, an der Luft dagegen vertrocknen müßten, so müssen jene Vorfahren auch wie Fische im Wasser gelebt haben. Als letztes Erbstück von ihnen blieb die Anlage des Kiemenapparats.

Andere Beispiele sind geeignet, diese unsere Deutung noch zu bekräftigen, da dort die Kiemenatmung im Jugendleben landbewohnender Wirbeltiere tatsächlich noch eine hervorragende Rolle spielt. Im Frühjahr finden wir häufig die ins Wasser abgelegten Eier des Grasfrosches: der Laich bildet gallertartige Klumpen, in denen die schwarzen Eier als dunkle Punkte erscheinen (Abb. 11: 1 u. 2). Aus den Eiern kommen aber nicht kleine Fröschchen, sondern fischähnliche Tierchen, ohne Beine und mit einem Ruderschwanz, die Kaulquappen; diese verwandeln sich erst später in junge Frösche. Auch bei allen anderen Lurchen oder Amphibien schlüpft aus dem Ei eine fischähnliche Larve, die mehr oder weniger von dem fertigen Tiere verschieden ist und daher eine größere oder geringere Verwandlung durchmachen muß. Bei den **Schwanzlurchen** sind die Unterschiede zwischen der Larve und dem fertigen Tiere unbedeutender. Die **Wassermolche** oder **Tritonen**, die sich

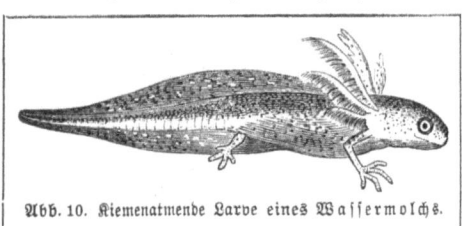

Abb. 10. Kiemenatmende Larve eines Wassermolchs.

vorwiegend im Wasser aufhalten, behalten zeitlebens einen Ruderschwanz mit Flossensaum, wie die Larve; aber die Kiemenatmung der Larve (Abb. 10) wird beim fertigen Tier durch Lungenatmung ersetzt. Die Regenmolche dagegen, wie unser Feuersalamander, leben dauernd am Lande und gehen nur ganz vorübergehend in flaches Wasser; sie brauchen daher auch keinen Ruderschwanz zum Schwimmen, vielmehr ist ihr Schwanz drehrund. Sie legen nicht wie andere Lurche ihre Eier ins Wasser, sondern diese entwickeln sich in den Eileitern der Weibchen zu jungen, mit Kiemenbüscheln und Ruderschwanz versehenen Larven, die dann ins Wasser abgesetzt werden und dort weiterwachsen; nach einiger Zeit bekommen sie Lungen und verlieren die Kiemen und den Flossensaum des Ruderschwanzes und gehen jetzt, wo sie ihren Eltern ähnlich geworden sind, ans Land. — Die Froschlurche endlich, wie Frösche, Kröten, Unken, entbehren eines äußeren Schwanzes ganz: aus ihren Eiern aber kommen Larven hervor, die durch Kiemen atmen und einen Ruderschwanz besitzen, also genau wie bei den geschwänzten Formen (Abb. 11: 6). Später bilden sich auch bei diesen Larven Lungen aus; die Kiemen werden rückgebildet, der Schwanz schrumpft zusammen, und sie gehen ans Land: aus der Kaulquappe ist der junge Frosch geworden.

Es beginnt also bei diesen äußerlich recht verschiedenen Tieren die Entwicklung mit sehr ähnlichen Zuständen, mit Larven, die nur durch Kiemen atmen, obschon beim fertigen Tiere die Kiemenatmung völlig geschwunden ist, und die auch beim Frosch mit einem Schwanze versehen sind, obgleich das fertige Tier ungeschwänzt ist: es durchläuft der Frosch in seiner Entwicklung gleichsam ein Molchstadium. Weshalb entwickelt sich aus dem Ei des Frosches nicht direkt wieder ein Frosch mit Lunge und ohne Schwanz, nur kleiner, oder aus dem des Regenmolchs ein Regenmolch? Die Abstammungslehre gibt uns auch hier die einleuchtende Antwort: nicht bloß die Froschgestalt hat der junge Frosch ererbt, auch die Larvenform, die er durchläuft, ist ein Erbstück, aber von einem weit zurückliegenden Vorfahren, der zeitlebens im

Wasser blieb, einen Ruderschwanz besaß und durch Kiemen atmete. In ihrer jedesmaligen Entwicklung wiederholen also der Frosch, der Feuersalamander, der Wassermolch Zustände, auf denen ihre Vorfahren dauernd stehen blieben, und der scheinbare Umweg spiegelt den Weg wider, auf dem sich einst die Art aus niedriger stehenden Arten entwickelte.

Wenn wir diese Auffassung annehmen, so bekommen wir ein Bild, das in jeder Beziehung befriedigt: wir müssen die Lurche nach ihrem Bau als untereinander verwandt ansehen; dazu stimmt es denn

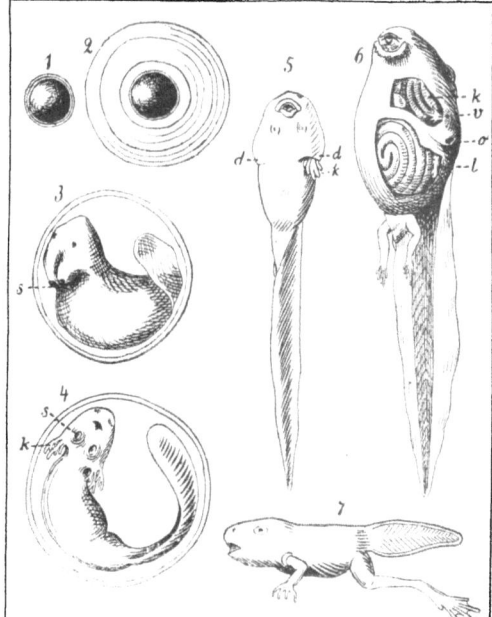

Abb. 11. **Entwicklung und Verwandlung des Frosches.**
1 Ei aus dem Eileiter mit Gallerthülle, die bei Ablage des Eies ins Wasser aufquillt (2), 3 und 4 Keimlinge in der Eihülle; s Saugscheiben, k Kiemen. Bei der jungen Kaulquappe (5) wachsen Hautfalten d über die Kiemen k und bilden um sie einen Kiemenraum. Bei der älteren Kaulquappe (6) ist dieser Kieme r um (Mündung bei o) geöffnet worden; darin Kiemen k und Vordergliedmaße v; in der geöffneten Bauchhöhle liegt neben dem spiralig gewundenen Darm die Lunge l. Beim jungen Fröschchen (7) sind nach Schwund der Kiemenraumwand die Kiemenspalten geschlossen, die Vordergliedmaßen frei; der Schwanz ist in Rückbildung.

auch, daß sie alle ihre Entwicklung mit einer gleich organisierten Larve, die Ruderschwanz und Kiemenatmung besitzt, beginnen — daraus folgern wir wieder, daß ihre Vorfahren einander viel ähnlicher waren als die jetzt lebenden Lurche, und daß sie in letzter Linie die gleichen Vorfahren haben. Die geschwänzten Lurche haben im äußerlichen Aussehen die Züge dieser Vorfahren getreuer bewahrt als die Froschlurche; diese waren fortschrittlicher und haben sich weiter von den Ahnen entfernt.

Wenn nun aber die jungen Larven im Wasser leben — was vielleicht für ihr Gedeihen notwendig ist, sei es wegen des leichteren Nahrungserwerbs, sei es, weil so zarte Wesen dem Austrocknen viel mehr ausgesetzt sind als die widerstandsfähigeren Erwachsenen —, so ist es doch nur natürlich, daß sie für dieses Leben auch entsprechend ausgerüstet sind, daß sie zur Atmung Kiemen, zur Bewegung einen Ruderschwanz haben; es brauchten ja diese Organe nicht von alten Vorfahren ererbt, sie könnten ja in Anpassung an das Wasserleben neu erworben sein. Dieser Einwand wird entkräftet durch die Tatsache, daß die jungen Lurche auch dann ein fischähnliches Entwicklungsstadium mit Kiemen und Ruderschwanz durchlaufen, wenn sie gar nicht dazu kommen, im Wasser zu leben, sondern gleich als luftatmende Tiere geboren werden. Bei einem nahen Verwandten unseres Feuermolchs, dem schwarzen Alpensalamander z. B., kommen die Eier wie bei jenem in den Eileitern des Muttertiers zur Entwicklung. Während der Feuermolch 40 bis 60 Junge zur Welt bringt, sind es bei dem Alpensalamander nur zwei: sie können von dem Muttertier daher viel reichlicher mit Nahrung versorgt werden als jene, und erreichen deshalb vor der Geburt eine viel bedeutendere Größe; wenn sie geboren werden, sind sie so weit ausgebildet wie die jungen Feuermolche, wenn sie das Wasser verlassen: sie gleichen den Eltern völlig bis auf die geringere Größe, atmen durch Lungen und haben einen drehrunden Schwanz. Untersucht man sie aber, solange sie erst halbreif in den Eileitern des Muttertiers liegen, so findet man große, büschelförmige Kiemen und einen Ruderschwanz: sie haben also Eigenschaften von Wassertieren, obgleich sie nie in diesem Zustande ins Wasser kommen. Wenn bei den anderen Lurchen das Vorhandensein von Kiemen immerhin begründet erschien durch die wirkliche Benutzung derselben, hier würden wir eine solche Erklärung nicht haben. Aber auch hier wie dort leuchtet die Wahrscheinlichkeit, ja die einzige Möglichkeit jener Erklärung ein, welche die Abstammungslehre gibt: das Wassertierstadium ist ein Erbstück von den Ahnen.

Wie wir bei den Lurchen der verschiedensten Ordnungen doch stets ähnliche Larvenformen finden, so sind auch die Keimlinge oder Embryonen von Reptilien, Vögeln oder Säugern auf gewissen Stufen ihrer Ausbildung einander sehr ähnlich (Abb. 9), so sehr, daß es unter Umständen schwer sein kann, von einem in Alkohol aufbewahrten jungen Keimling ohne genaue Untersuchung zu sagen, ob er zu einer Schlange, einer Eidechse, einem Vogel oder einem Säugetier gehört. Die Ähnlichkeit der Keimlinge bei

Entwicklung der Wirbeltiere   29

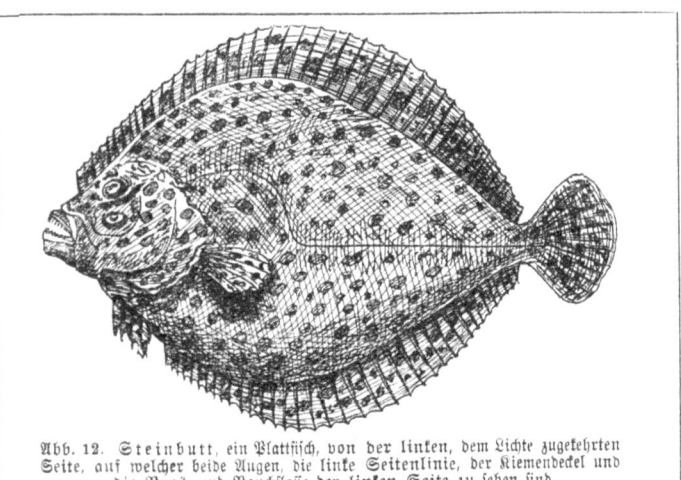

Abb. 12. Steinbutt, ein Plattfisch, von der linken, dem Lichte zugekehrten
Seite, auf welcher beide Augen, die linke Seitenlinie, der Kiemendeckel und
die Brust- und Bauchflosse der linken Seite zu sehen sind.

der großen Verschiedenheit der fertigen Tiere wäre gar nicht zu verstehen, wenn man sie nicht im Sinne der Abstammungslehre so deutet, daß alle diese Tiere von den gemeinsamen Stammeltern die gleiche Gestalt ihrer Keimlinge ererbt haben, daß sie gemeinsamer Abstammung sind. Daß es auch hier mit Kiemen versehene Wassertiere waren, die wir als Vorfahren betrachten müssen, konnten wir früher schon feststellen. Auch viele Verhältnisse im feinern Bau der Keimlinge deuten nach der gleichen Richtung, d. h. müssen in gewissem Sinne als Fischähnlichkeit aufgefaßt werden; doch können wir das hier nicht ins einzelne verfolgen.

Nehmen wir ein anderes Beispiel: Wenn ein Kind ein Menschengesicht von der Seite zeichnet, so sehen wir oft, daß es ihm zwei Augen einmalt — denn so viele, weiß es, kommen ihm zu. Uns aber fällt das ohne weiteres als unnatürlich auf: überall in der Natur sehen wir solche paarig vorkommenden Organe wie die Augen symmetrisch auf die rechte und linke Seite verteilt, und ein Tier, das wie in jener Kunstleistung beide Augen auf einer Seite trüge, erscheint uns ungeheuerlich. Trotzdem finden wir eine Reihe seltsamer Tiergestalten, die so sonderbar verzerrt sind: es sind die Schollen oder Plattfische, zu denen z. B. Flunder, Steinbutt und Seezunge gehören. Die Schollen sind

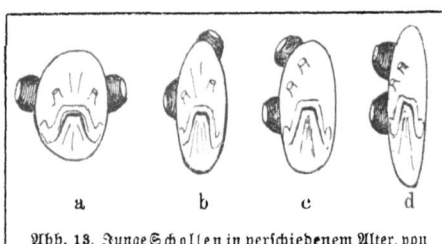

Abb. 13. Junge Schollen in verschiedenem Alter, von vorn gesehen, um die Überwanderung des einen Auges auf die andere Seite, hier die rechte, zu zeigen.

Grundfische, d. h. sie schwimmen nicht andauernd umher, sondern liegen auf dem Boden der Gewässer und lauern auf Beute. Ihre Gestalt ist ganz flach gedrückt, aber nicht von oben nach unten, so daß die Bauchseite gegen den Boden, die Rückenseite nach oben gerichtet wäre, sondern von rechts nach links: sie liegen daher nicht auf dem Bauche, sondern auf einer Seite, die einen stets auf der linken, die anderen stets auf der rechten. Abb. 12 zeigt uns eine solche Scholle von der dem Licht zugekehrten Seite, und zwar ist das in diesem Falle die linke. Der eine Kiemendeckel ist also gegen den Boden, der andere nach oben gekehrt, ebenso ist es mit den Brustflossen, und nur die obere, dem Lichte zugekehrte Seite ist gefärbt, die andere ist völlig weiß oder doch viel heller. Die Augen aber schauen stets nach oben, liegen also beide entweder auf der linken (wie in Abb. 12) oder auf der rechten Seite.

Das ist eine Erscheinung, die einzig in ihrer Art dasteht; aber noch sonderbarer wird das Verhältnis dadurch, daß die aus den Eiern der Schollen ausschlüpfenden Jungen vollkommen gleichseitig gebaut sind wie andere Fische (Abb. 13 a): das eine Auge steht rechts, das andere links, und sie schwimmen frei herum, den Rücken nach oben und den Bauch nach unten. Wenn sie jedoch älter werden, gehen sie zu der Lebensweise ihrer Eltern über und lauern, auf dem Boden liegend, auf Beute; jetzt geht eine Umwandlung mit ihnen vor: das eine Auge wandert von der dem Boden zugekehrten Seite allmählich über die Stirne herüber nach der oberen Seite! Jetzt erst bildet sich jene seltsame Verzerrung aus (Abb. 13 b—d). Wenn wir annehmen, die Schollen wären so erschaffen, wie sie jetzt sind, wie sollen wir es dann erklären, daß sie in der Jugend völlig gleichseitig sind — wie kommt es, daß die Jungen gerade die hervorstechendste Eigentümlichkeit der Eltern nicht besitzen? Die Abstammungslehre dagegen bietet uns hier leicht eine Erklärung: wenn wir annehmen, daß die Schollen von völlig gleichseitig gebauten Vorfahren abstammen, und daß sie sich erst allmählich mit der Gewöhnung an eine neue Lebensweise in der geschilderten Weise veränderten, so ist die Gleichseitigkeit der

Entwicklung der Schollen und Entenmuscheln

Jungen ebenso wie die Verzerrung der fertigen Tiere ererbtes Gut, die erstere von weiter zurückliegenden Vorfahren, und die jungen Tiere wiederholen in ihrer Entwicklung den ganzen Werdegang der Art.

Wir wenden uns jetzt zu einer ganz anderen Tierform. Wenn man Stücke Treibholz aus dem Meere fischt, so findet man oft, der Unterseite desselben angeheftet, Klumpen von Tieren, die eine muschelartige Schale haben und mit einem Stiel auf dem Holz festgewachsen sind:

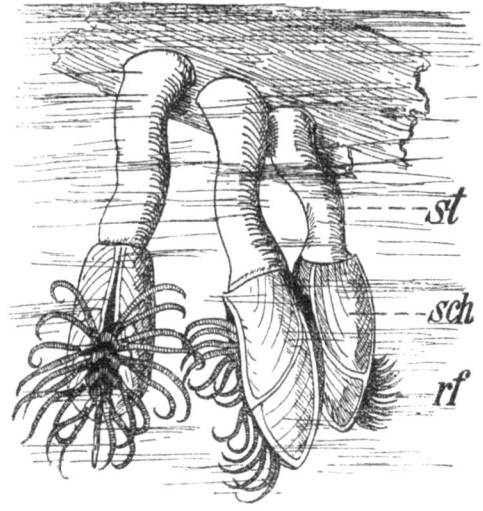

Abb. 14. Drei Entenmuscheln an einem schwimmenden Stück Holz, eine vom Bauch, zwei von der Seite gesehen
st Stiel, sch Schale, rf Rankenfüße.

es sind Entenmuscheln (Lepas) (Abb. 14), Tiere, die vor 100 Jahren auch von Zoologen für Muscheltiere gehalten wurden, und aus denen der Aberglaube des Mittelalters die Bernikelgänse entstehen ließ. Betrachtet man die Tiere in einem Glase mit Seewasser, so sieht man bald, wie sie ihre Schalen öffnen und daraus eine große Zahl gegliederter beweglicher Arme, die Rankenfüße, hervorstrecken — das ist nicht gerade muschelartig. Auch die genauere Betrachtung der kalkigen Schale zeigt, daß sie von derjenigen der Muscheln recht verschieden ist: sie besteht aus fünf gesonderten Teilen, die Muschelschale aber nur aus zweien; das Festsitzen auf einem Stiel finden wir auch nicht bei den Muscheln, das erinnert eher an einen Muscheling (Brachiopoden, Abb. 30). Wo haben wir die Verwandtschaft dieses seltsamen Tieres zu suchen?

Auch da hilft uns die Entwicklungsgeschichte: aus den Eiern der festsitzenden Entenmuschel schlüpfen nämlich kleine, frei herumschwimmende Larven mit drei Beinpaaren, wie wir sie aus den Eiern vieler Krebse, besonders der niedriger organisierten, ausschlüpfen sehen und die man als „Naupliuslarve" bezeichnet (Abb. 15a). Die Larve wächst

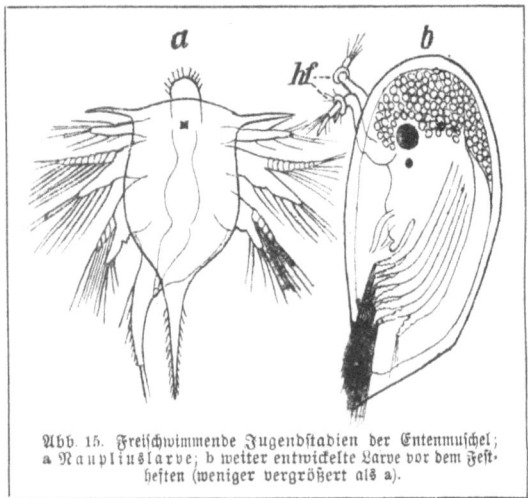

Abb. 15. Freischwimmende Jugendstadien der Entenmuschel; a Naupliuslarve; b weiter entwickelte Larve vor dem Festheften (weniger vergrößert als a).

heran, bekommt dabei eine größere Anzahl von Schwimmbeinpaaren, ein kompliziert gebautes Auge und eine Schale und hat so ein durchaus krebsartiges Aussehen (Abb. 15b); schließlich heftet sie sich mit ihren Haftfühlern (hf) an einer Unterlage fest, in der Schale lagert sich Kalk ab, der Kopf wird zum Stiel, das Auge wird rückgebildet, die Schwimmfüße werden zu Rankenfüßen und die Entenmuschel ist fertig. Wenn man näher untersucht, so findet man nun auch an der ausgebildeten Entenmuschel eine Anzahl von Krebskennzeichen: die Beschaffenheit der Mundwerkzeuge, der Bau der Rankenfüße und des Nervensystems z. B. sind wie bei den Krebsen; man hat daher die Tiere in die Verwandtschaft der Krebse gestellt.

Wie sollte nun wohl ein Tier, das äußerlich einem Krebs so wenig gleicht, einen solchen Entwicklungsgang bekommen haben, wenn es von Anfang an in dieser Gestalt erschaffen wäre! Wir müßten einfach die Tatsache hinnehmen und auf jede Erklärung verzichten. Wenn wir dagegen den Maßstab der Abstammungslehre anlegen, bekommen wir eine sehr einleuchtende Erklärung; die Entenmuscheln haben sich aus freischwimmenden krebsartigen Vorfahren im Laufe der Zeiten herausgebildet: von diesen haben sie die Larvenform geerbt, und die Wiederholung eines bei den Ahnen dauernden Zustandes ist die freischwimmende krebsartige Form vor dem Festsetzen. Die Umbildungen nach dem Festsetzen sind solche, wie wir sie auch sonst bei festsitzenden Tieren finden: die Sinnesorgane, besonders die Augen, welche die Bewegung freier Tiere leiten, werden rückgebildet, und das feste Gehäuse bietet, wie bei Korallen und Röhrenwürmern, einen Schutz vor den Feinden, denen das Tier nicht mehr durch die Flucht entgehen kann.

Wenn wir eine solche Deutung für die Tatsachen der Entwicklungsgeschichte anerkennen, so finden wir auch eine Erklärung für eine höchst auffällige Übereinstimmung im Werden aller Lebewesen. Die höher entwickelten Tiere und Pflanzen bestehen alle aus einer großen Anzahl von kleinsten Elementarbestandteilen, aus den Zellen, wie eine Mauer aus Ziegelsteinen besteht (vgl. unten Abb. 33). Dagegen gibt es auch Lebewesen, deren gesamter Körper nur eine einzige Zelle vorstellt: es sind die niedrigsten Organismen, die sogenannten Urtiere oder Protozoen (vgl. unten Abb. 41), die sich durch ihre Kleinheit dem unbewaffneten Auge fast ganz entziehen und nur mit dem Mikroskop genau untersucht werden können. Alle höheren Lebewesen aber stimmen darin überein, daß sie bei ihrer Entwicklung aus dem Ei zeitweilig auf dem einzelligen Zustande verharren, also einem solchen Urtier an Einfachheit des Baues gleichen. Die Allgemeinheit dieser Erscheinung findet wohl ihre Erklärung am besten im Sinne der Abstammungslehre: der einzellige Zustand des befruchteten Eies ist eine Wiederholung aus der Ahnengeschichte der höheren Lebewesen — sie alle stammen in allerletzter Linie von einzelligen Wesen ab; das erste Leben auf der Erde hätte demnach mit solchen Urtieren begonnen, von denen viele bei der ursprünglichen Einfachheit des Baues stehen blieben, andere aber sich weiterentwickelten zu vielzelligen Tieren.

Solchen Hypothesen weiter nachzugehen, ist jedoch hier nicht unsere Aufgabe. Wir wollen die Abstammungslehre begründen, und daß die Entwicklungsgeschichte zu einer solchen Begründung hervorragend geeignet ist, das haben die angeführten Beispiele gezeigt — ihre Zahl ließe sich freilich noch außerordentlich vermehren; überall aber würden wir finden: die Natur ist nicht die denkbar einfachste Verwirklichung eines Schöpfungsplanes, sondern wir finden gerade in der Einzelentwicklung der Tiere eine Menge von Sonderbarkeiten und Umwegen, welche uns erst begreiflich werden durch die Annahme, daß die Tiere nicht so geschaffen sind, wie sie jetzt leben, sondern sich aus anders gestalteten gemeinsamen Vorfahren heraus entwickelt haben.

Beweise für die Abstammungslehre aus dem Gebiet der Versteinerungskunde.

Von den Vorfahren der jetzt lebenden Tiere und Pflanzen können wir nun in einzelnen Fällen direkte Kunde erhalten. Schon früher wurde darauf hingewiesen, daß die Versteinerungen Überbleibsel von Lebewesen sind, die in früheren Zeiten die Erde bewohnten. Von jenen Zeiten, über welche menschliche Überlieferung nichts zu sagen weiß, Zeiten, welche lange vor dem Erscheinen des Menschen auf der Erde schon der Vergangenheit angehörten, sind uns steinerne Urkunden erhalten, die wir jetzt aus dem Schoß der Erde graben. Und diese Urkunden haben gewissermaßen ein Datum, d. h. wir vermögen sie in bestimmter Weise zeitlich einzuordnen.

Die in Lagen übereinander geschichteten Gesteinsmassen, die wir häufig in horizontaler oder in mehr oder weniger gestörter, aufgerichteter Lagerung angeordnet finden, bildeten einst den Absatz auf dem Boden von Gewässern, meist von Meeren, teilweise aber auch von süßen Gewässern, von Sümpfen und Seen. Daher ihre Schichtung. Die Pflanzen und Tiere in diesen Gewässern lebten entweder von vornherein auf dem Boden derselben, oder sie schwammen frei in ihnen herum und sanken nach ihrem Tode zu Boden, oder endlich konnten auch bisweilen die Leichen landlebender Tiere, sei es infolge von Überschwemmungen oder durch andere Zufälligkeiten, dorthin gelangen. Der Sand und Schlamm, der von den Flüssen dem Meere zugeführt wurde, oder der Humus, der aus der Verwesung von Pflanzenteilen entstand, bildeten eine Decke über die Leiber; die Weichteile verwesten, wobei sie häufig den Abdruck ihrer Umrisse im Schlamm zurückließen; ihre Hartteile, wie Kieselskelette, Kalkschalen, Knochen und Zähne, blieben erhalten und wurden in den Bodensatz eingeschlossen — die Schlammschichten setzten sich durch den Druck der weiteren sich auflagernden Massen fester und fester zusammen, sie wurden Stein; die Tierreste in ihnen wurden häufig noch von gelösten Mineralbestandteilen völlig durchtränkt, so daß sich ihre Substanz veränderte: sie versteinerten. Da sich die Gesteine durch Absatz auf dem Boden von Gewässern bildeten, müssen natürlich die Schichten zeitlich so aufeinander folgen, wie sie sich decken, d. h. die unteren Schichten sind älter als die oberen.

Bei der Untersuchung der einzelnen Schichten fällt es ohne weiteres auf, daß die Versteinerungen sich nicht gleichmäßig auf sie verteilen, daß

Zeitliche Ordnung der Ablagerungen

einzelne reicher, andere ärmer sind, und daß vor allem jede Schicht durch besondere Versteinerungen gekennzeichnet ist, die nur in ihr vorkommen, in den darüber und darunter liegenden aber fehlen, die sogenannten Leitfossilien. Wenn man nun an zwei voneinander entfernten Orten Schichten findet, die einander in der Beschaffenheit des Gesteins, sei es nun kalkig, sandig, tonig oder schieferig, gleichen und die zugleich dieselben Versteinerungen, besonders dieselben Leitfossilien enthalten, so muß man annehmen, daß sie gleichzeitig abgesetzt sind, und man nennt sie mit dem gleichen Namen. Wie zu erwarten ist, sind dann auch die über und unter ihnen liegenden Schichten im allgemeinen gleich.

Nun sind an keiner Stelle der Erde alle im Laufe der Zeiten am Grunde der Gewässer abgelagerten Schichten zugleich vorhanden. Zu einer Zeit, wo an einer Stelle das Meer sich dehnte und Ablagerungen an dessen Grunde gebildet wurden, ragte eine andere Erdgegend als festes Land, Festland oder Insel, aus den Wassern hervor; wenn aber der Grund des Meeres sich allmählich hob und zu festem Land wurde, verliefen sich die Wasser nach einer anderen, jetzt tiefer liegenden Gegend, und die zeitlich folgenden Ablagerungen entstanden an anderer Stelle. Tauchte auch dieser Teil des Meeresbodens auf und verliefen sich die Wasser wieder nach anderen Stellen, so lagen Ablagerungen aus verschiedenen Zeiten nicht übereinander, sondern die einen hier, die anderen dort nebeneinander zutage.

Trotzdem läßt sich die Reihenfolge der einzelnen, eigenartigen Schichten bestimmen: findet man z. B. irgendwo die Schichten a b c d übereinanderliegend, so ist die unterste, a, am ältesten, es folgen dann b und c, und d ist die jüngste; liegen an einer anderen Stelle e und f, so läßt sich sagen, daß e, wenn es unten liegt, älter ist als f, aber über ihr Verhältnis zur Schichtenfolge a b c d läßt sich nichts aussagen; wenn aber unter den Schichten e f eine solche von der Eigenart d liegt, also vor der Entstehung jener den Boden des Meeres bildete, so erhellt daraus, daß e und f nicht bloß jünger als d, sondern auch jünger als a b c sind, daß also die Reihenfolge dieser Schichten a b c d e f ist. Diese Möglichkeit der Altersbestimmung meine ich, wenn ich sage, daß die steinernen Urkunden der Vorwelt ein Datum tragen.

Auf diese Weise können wir eine große Reihe von Schichtenfolgen unterscheiden, die verschiedenen Formationen, die man jede mit besonderem Namen belegt hat. Die geschichteten Formationen ordnen wir wieder in Gruppen und unterscheiden vier solcher Gruppen: die älteste ist die archäische Formationsgruppe, aus der wir nur ganz wenige Versteinerungen kennen; das Zeitalter der Erde, in dem sie entstand, bezeichnen wir als Urzeit; es folgt dann die paläozoische Formationsgruppe (mit der kambrischen, Silur-, Devon-, Steinkohlen- und Perm-Formation), das entsprechende Zeitalter nennen wir Altertum der Erde; danach kommt die mesozoische Gruppe (mit der Trias-, Jura- und Kreideformation), der entsprechend wir ein Mittelalter der Erde unterscheiden, und schließlich die känozoische Gruppe (mit der Tertiär- und Quartärformation) aus der Neuzeit der Erde. Diese Zeitalter der Erdgeschichte darf man aber nicht nach Jahren und Jahrhunderten bemessen wollen wie diejenigen der Menschengeschichte; der kurzlebige Mensch vermag sich von ihrer ungeheuren Dauer kaum eine Vorstellung zu machen.

Besonders wird uns die Neuzeit der Erde beschäftigen, und deshalb wollen wir ihre weitere Einteilung noch etwas näher betrachten. In der Tertiärformation unterscheiden wir vier große Abschnitte: als ältesten das Eozän, dann das Oligozän, Miozän und Pliozän. Auf das Pliozän folgt die Eiszeit, die den Beginn des Quartärs bezeichnet; die Ablagerungen aus dem Anfang des Quartärs nennen wir Diluvium, und der Diluvialzeit schließt sich unmittelbar die Jetztzeit an.

Wenn nun wirklich, wie die Abstammungslehre behauptet, die Lebewelt der Jetztzeit durch allmähliche Veränderung der Lebewesen früherer Zeiten entstanden ist, so muß die Pflanzen- und Tierwelt der verschiedenen Formationen den jetzt lebenden Pflanzen und Tieren um so ähnlicher sein, je näher die betreffende Formation der Jetztzeit liegt. Das bewahrheitet sich denn auch auf das glänzendste. Wir wollen es kurz an einer einzelnen Klasse, nämlich den Säugetieren, verfolgen. Fossile Reste von Säugetierarten, die mit den jetzt lebenden Arten völlig gleichzusetzen sind, finden wir fast nur im Diluvium. Im Pliozän, der jüngsten Schicht der Tertiärformation, finden wir Säuger, die mit den jetzt lebenden zwar noch in die gleiche Gattung zu stellen sind, deren Arten aber mit keiner lebenden Art übereinstimmen: sie sind ausgestorben. Die Säugetiere der Miozänzeit sind so sehr von den jetzigen verschieden, daß sie fast alle zu besonderen Gattungen gestellt werden müssen, welche jetzt keine Vertreter mehr haben, und im Eozän vollends finden wir eine ganz frembartige Säugetierfauna, mit ganz anderen Familien und Ordnungen, als wir sie jetzt haben, die aber zum Teil als Vorläufer jetzt lebender Ordnungen gelten können.

Wenn wir auf der anderen Seite aus der Betrachtung der Entwicklungsgeschichte folgern mußten, daß die lungenatmenden Wirbeltiere von kiemenatmenden abstammen, so ergibt sich daraus, daß die Kiemenatmer, nämlich Fische und ein Teil der Amphibien, eher dagewesen sein müssen als die Lungenatmer. Das wird uns bestätigt durch die zeitliche Folge der Versteinerungen: Reste von Fischen finden wir schon ganz früh in den Formationen des Altertums der Erde, und erst nach der Mitte dieser Epoche treten die Amphibien auf; nicht lange vor Beginn des Mittelalters der Erde finden wir die ersten Reptilien, während Säugetiere und Vögel sich erst im Verlauf der mittelalterlichen Ablagerungen einstellen.

Auch für die Pflanzen läßt sich in der Reihe der Ablagerungen das Fortschreiten der Organisationshöhe gut verfolgen. In den ältesten versteinerungsführenden Formationen finden sich nur Algen; um die Mitte des Altertums der Erde treten Farne auf, etwas später Bärlappgewächse. Mit Beginn des Mittelalters der Erde erscheinen die Nadelhölzer und am Ende dieser Formationsgruppe die Blütenpflanzen; die höheren Blütenpflanzen mit 2 Keimblättern (Dicotyledonen) sind erst seit Beginn der Tertiärzeit vorhanden.

Wenn nun von allen Tierarten, die überhaupt versteinerungsfähige Hartteile besaßen, wirklich Reste vorhanden wären, so müßte man natürlich eine ununterbrochene Reihe von Übergängen aufstellen können, welche, von den jetzt lebenden Tieren ausgehend, allmählich zu den Vorfahren derselben führen würden; wir müßten lückenlose Entwicklungsreihen durch lange Zeiten herstellen können, und der Beweis für die Abstammungslehre wäre geliefert. Aber das können wir nicht; der Grund, weshalb es unmöglich ist, liegt in unserer ungenügenden Kenntnis der versteinerten Urkunden und in der Lückenhaftigkeit derselben.

Zunächst einmal sind fast drei Viertel der gesamten Oberfläche unseres Planeten von Wasser bedeckt, die dort befindlichen Ablagerungen sind also der Untersuchung entzogen; von den nicht vom Meere bedeckten Ablagerungen ist jedoch nur der kleinste Teil einigermaßen gründlich untersucht: Europa, ein großer Teil von Nordamerika, Südasien und das südlichste Afrika. Aus anderen Gegenden haben wir zwar hier und da Stichproben, aber nur an wenigen Stellen eine genauere Kenntnis. Wenn selbst in den Kulturländern Europas immer noch neue und überraschende Funde gemacht werden, was mag uns da anderswo noch verborgen liegen!

Ferner sind manche mächtige Schichten außerordentlich arm an versteinerten Resten. Vor allem aber sind nur in sehr wenigen Fällen die Glückszufälle, die zur Erhaltung und Versteinerung der Reste, besonders bei landbewohnenden Tieren, zusammentreffen müssen, wirklich eingetreten: nichts weist uns nachdrücklicher darauf hin als der Umstand, daß uns von den vielen tausend Stücken einer vorweltlichen Tierart oft nur ein einziges und meist auch dieses nur unvollständig bekannt ist, ja daß wir von vielen Arten nur ganz geringe Bruchstücke, z. B. wenige Zähne, einen Kiefer oder irgendein anderes Skelettstück, kennen. Noch wichtiger aber ist, daß die überwiegende Mehrzahl der Tierarten wahrscheinlich gar keine erhaltungsfähigen Hartteile besaß.

Wir kennen aus der Jetztzeit über 500000 Tierarten; fossile Reste mögen von etwa 100000 Arten bekannt sein — aber diese verteilen sich auf die ungeheuren Zeiträume des Altertums, Mittelalters und der Neuzeit der Erdgeschichte. Schon jeder einzelne Abschnitt der Tertiärzeit aber übertrifft die Jetztzeit, d. h. den Zeitraum von der Eiszeit bis zur Gegenwart, vielmals an Dauer; jene ganze ungeheure Zeitenfolge mag vielleicht das Tausendfache der Jetztzeit sein! Die großen Lücken der versteinerten Urkunden, die sich aus solchen Überlegungen ergeben, bedingen natürlich die Seltenheit zusammenhängender Formenreihen. Das ist ein Umstand, der unmöglich zuungunsten der Abstammungslehre ins Feld geführt werden kann.

Was wir aber finden, das läßt sich zu einem Bilde der Entwicklung der jetzigen Lebewelt zusammenfügen, und wenn auch stellenweise klaffende Lücken vorhanden sind, so haben wir an anderen Stellen auch wiederum treffliche Reihen und Übergänge; was aber besonders wichtig ist: diese Reihen sind derartig, wie wir sie nach unseren sonstigen Kenntnissen zu vermuten berechtigt sind. Wir wollen einiges davon betrachten.

Es wurde früher betont, daß bei der Mehrzahl der höheren Wirbeltiere die Zahl der Finger bzw. Zehen an jeder Gliedmaße fünf beträgt. Falls wir daher Abweichungen von dieser Zahl finden, so müssen wir, wenn wir uns auf den Boden der Abstammungslehre stellen, annehmen, daß auch hier ursprünglich fünf Zehen vorhanden waren, von denen jedoch eine Anzahl im Laufe der Artentwicklung rückgebildet wurde. Das auffallendste Beispiel dafür sind die Einhufer, etwa unser Pferd. An der Hand (Abb. 16 g) — wie ich kurz den unteren Teil des Vorderfußes nenne, der unserer Hand entspricht — unterscheiden wir außer der Handwurzel drei Mittelhandknochen, deren mittlerer sehr stark ist und eine breigliedrige Zehe trägt; das Endglied dieser Zehe allein steht auf dem Boden auf und wird vom Huf überzogen; die beiden äußeren Mittelhandknochen, die Griffelbeine, wie man sie

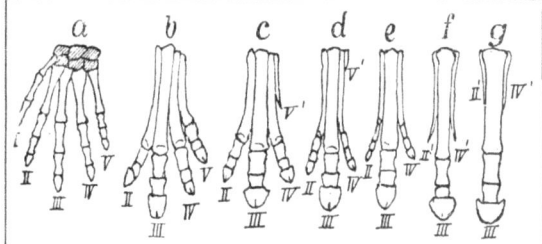

Abb. 16. Entwicklung der Hand in der Vorfahrenreihe des Pferdes. I—V erster bis fünfter Finger. Die Handwurzel, welche nur in a gezeichnet wurde, ist durch Schraffierung kenntlich gemacht.

a von Phenacodus (unteres Eozän); b von Orohippus (Eozän); c von Mesohippus (unteres Miozän); d von Miohippus (Miozän); e von Protohippus (unteres Pliozän); f von Pliohippus (Pliozän); g vom Pferd.

hier nennt, sind rudimentär, von sehr geringer Dicke und tragen keine Zehen. Im Pliozän begegnet uns ein Pferd (Pliohippus) (Abb. 16f), bei dem die Griffelbeine schon größer sind; im älteren (unteren) Pliozän finden wir bei einem pferdeartigen Tier (Protohippus) (Abb. 16e) schon drei Zehen: die beiden äußeren Mittelhandknochen, die Griffelbeine, tragen hier auch je eine Zehe. Auch im Miozän sind pferdeartige Wesen mit drei Zehen vorhanden, bei denen der Rest eines vierten Mittelhandknochens auf der Außenseite auftritt (Abb. 16d) (Miohippus in Amerika, Hipparion in Europa) Im unteren (älteren) Miozän sind bei Tieren des Pferdestammes (Mesohippus) (Abb. 16c) jene Rudimente des vierten Mittelhandknochens schon größer, und bei einem dieser Reihe angehörigen Tiere des Eozäns (Orohippus) (Abb. 16b) trägt auch der vierte Mittelhandknochen eine Zehe; bei noch früheren Verwandten im Eozän stellt sich das Rudiment eines fünften Mittelhandknochens ein, und schließlich mag der Bau der Hand bei noch älteren Pferdeahnen erläutert werden durch den fünfzehigen Phenacodus aus dem ältesten Eozän (Abb. 16a). Die Unterschiede zwischen dem jetzigen Pferd und der kleinen fünfzehigen eozänen Anfangsform sind allerdings große, aber die zwischen ihnen stehenden Glieder der Reihe bilden einen vollkommen allmählichen Übergang, nicht bloß in der Bildung der Hand, die wir eben verfolgten, sondern auch in der von Fuß, Arm und Hintergliedmaße, in der Beschaffenheit der Zähne, schließlich im gesamten Skelettbau. Mit Phenacodus zu gleicher Zeit lebten Ahnen der Raub-

40 Beweise für die Abstammungslehre aus der Versteinerungskunde

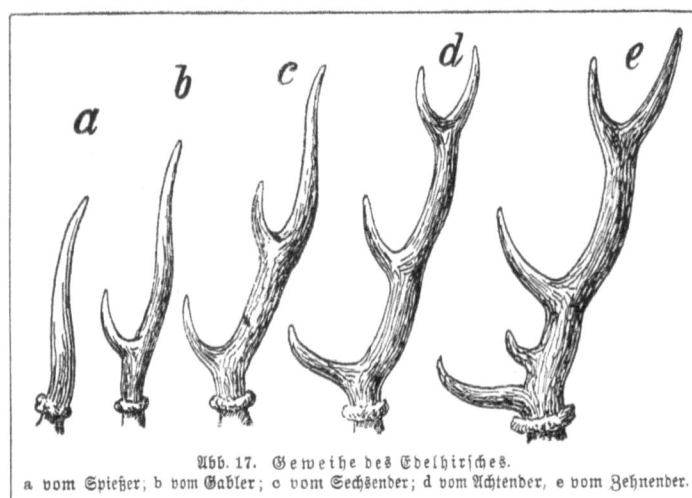

Abb. 17. Geweihe des Edelhirsches.
a vom Spießer; b vom Gabler; c vom Sechsender; d vom Achtender, e vom Zehnender.

tiere, der Halbaffen und anderer Säugerordnungen, die mit ihm sehr wohl ihrer Ähnlichkeit nach sich in eine und dieselbe Ordnung stellen ließen, obgleich von ihnen ganz verschiedene Ordnungen jetzt lebender Säugetiere abstammen: es wachsen also, wenn wir in der Entwicklungsreihe zurückgehen, verschiedene Stämme zu einer einheitlichen Wurzel zusammen, ganz wie es nach der Abstammungslehre zu erwarten ist.

Eine andere belangreiche Reihe bildet die Geweihentwicklung der Hirsche. Bei unserem Edelhirsch verläuft die Geweihbildung in der Regel so, daß im zweiten Lebensjahr zwei einfache Knochenzapfen auf der Stirne entstehen, an deren Spitze die Haut eintrocknet und abfällt; diese Enden der Knochenzapfen bilden das erste Geweih (Abb. 17a), man nennt den Hirsch jetzt Spießer. Das Spießgeweih wird nach Verlauf eines Jahres abgeworfen, die Basalstücke der Knochenzapfen aber bleiben als sogenannte Rosenstöcke bestehen, und auf ihnen entsteht durch Wucherung ein neues Geweih, bei dem an die Hauptstange, die in der Verlängerung der Rosenstöcke steht, ein Seitensproß dicht über dem Rosenstock ansetzt, der Augensproß: wir haben jetzt ein Gabelgeweih (Abb. 17b); nach einem weiteren Jahre wird wiederum dieses abgeworfen, und beim neu wachsenden Geweih hat jede Stange drei Enden (Abb. 17c); so wird in jedem der nächstfolgenden Jahre bei Erneuerung des abgeworfenen Geweihes in der Regel die Zahl der Sprosse an jeder Stange um einen vermehrt (Abb. 17 d und e).

Wir können diese merkwürdige Aufeinanderfolge immer komplizierterer Geweihe vielleicht so entstanden denken, daß die ersten Vorfahren der Hirsche nur einfache Stangen als Geweih hatten, und daß erst bei ihren Nachkommen allmählich die Zahl der Enden zunahm, so daß in den Stufen, welche sich jetzt in der Geweihbildung eines Hirsches folgen, sich **die allmähliche Entwicklung des Geweihes in der Reihe seiner Vorfahren abspiegelt.**

Das wird nun durch die Versteinerungskunde bestätigt: die ersten hirschartigen Tiere finden wir im unteren Miozän; aber aus diesen Ablagerungen können wir nur zwei Stufen der Geweihbildung, Spießgeweih und Gabelgeweih (Abb. 18 a und b). Es ist nicht zu bezweifeln, daß auch damals schon ein periodischer Wechsel der Geweihe stattfand; aber es kam bei der Neubildung nie weiter als zu zwei Enden — nur wurden diese Gabelgeweihe wahrscheinlich mit jedem Jahr stärker. Erst aus der Zeit zwischen Miozän und Pliozän lernen wir Geweihe mit drei, aber nicht mehr Enden an jeder Stange kennen (Abb. 18 c); im oberen Pliozän erst treten solche mit vier und zahlreicheren Sprossen auf. So stimmen Stammesentwicklung und Einzelentwicklung auf das beste zusammen, und gerade diese Übereinstimmung gibt die stärkste Stütze für die Abstammungslehre.

Schließlich will ich noch eine wunderbare Verstei-

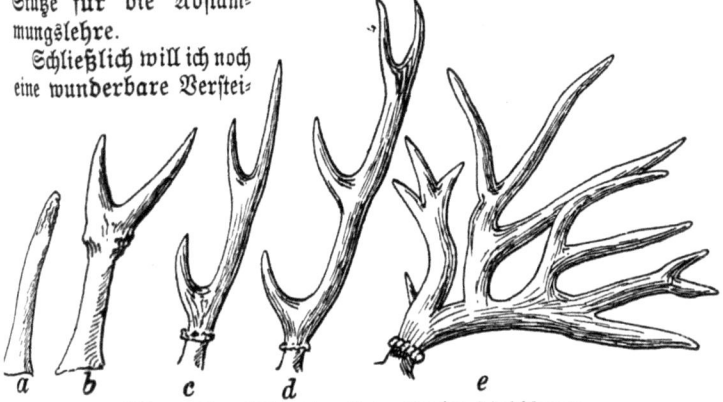

Abb. 18. Entwicklung der Geweihe im Hirschstamm.

a Spießgeweih und b Gabelgeweih von Dicrocerus (mittleres Miozän); c Geweihstange von Cervus **pardinensis** (mittleres Pliozän); d Geweihstange von C. issiodorensis (oberes Pliozän); e Geweihstange von C. dicranius (oberes Pliozän).

Abb. 19.
Versteinerte Reste des Urvogels
Archaeopteryx.

cl Schlüsselbein, co Korakoid, sc Schulterblatt, h Oberarm, r Speiche,
u Elle, c Handwurzel, I—III (oben) 1.—3. Finger, I—IV (unten) 1.—4. Zehe.

nerung besprechen, die zu den schönsten Funden auf diesem Gebiete gehört und sich weiter Berühmtheit erfreut: es ist der Urvogel, Archaeopteryx (Abb. 19), aus dem lithographischen Schiefer von Solenhofen, von der Mitte des erdgeschichtlichen Mittelalters (dem oberen Jura) stammend, ein Tier, das der Größe nach etwa in der Mitte zwischen Huhn und Taube stand. Im Bau der Vögel kennen wir mancherlei Merkmale, die auf eine Verwandtschaft mit den Reptilien hinweisen; deutlicher aber könnte diese Verwandtschaft nicht bestätigt werden, als durch die Entdeckung dieses Vogels mit dem eidechsenartig langen Schwanze. Das Tier erweist sich als entschiedener Vogel durch die Befiederung, die Form des Schädels und die Zusammensetzung der

Abb. 20. Skelett eines Raubvogels

Gliedmaßen. Aber andere Eigenschaften sind durchaus reptilienartig: so sind allerdings, wie bei echten Vögeln, nur drei Mittelhandknochen und Finger vorhanden (vgl. Abb. 20); sie sind aber nicht teilweise verwachsen und rückgebildet wie bei diesen, sondern wohlausgebildet, und tragen jeder eine Kralle — während es unter den lebenden Vögeln nur bei einzelnen Arten vorkommt, daß ein Finger am Flügel mit einer Kralle bewehrt ist (z. B. Wehrvogel in Südamerika) Im Kiefer finden wir spitze Zähne wie bei Eidechsen — den Vögeln der Jetztzeit fehlen die Zähne, aber bei der Verwandtschaft der Vögel mit den übrigen Wirbeltieren war nach der Abstammungslehre zu vermuten, daß ihre Vorfahren mit Zähnen versehen waren, und auch bei jüngeren versteinerten Vögeln (vom Ende des Mittelalters der Erde) finden wir solche. Bei unseren Vögeln sind ferner nur wenige kurze Schwanzwirbel vorhanden: sechs davon sind frei, und an sie schließt sich ein längeres einheitliches Stück, das aus sechs Einzelwirbeln verschmolzen ist (Abb. 20); beim Keimling werden diese Wirbel noch gesondert angelegt, ein Zustand, der uns verständlich wird durch die Annahme, daß bei den Vorfahren unserer Vögel der Schwanz aus einer größeren Zahl freier Wirbel bestand: bei Archaeopteryx finden wir denn auch einen langen Schwanz aus 21 gesonderten Wirbeln, an dem die Federn zweizeilig angeordnet sind. So stimmen auch hier wieder die Aussagen der Entwicklungsgeschichte, wenn wir sie im Sinne der Abstammungslehre deuten, völlig mit der steinernen Überlieferung aus der Vorzeit unserer Tierwelt überein: wiederum ein glänzendes Zeugnis zugunsten der Abstammungslehre.

Auch hier konnten wir nur einzelne, besonders auffallende Beispiele betrachten, die noch dazu teilweise aus ihrem Zusammenhang herausgerissen sind. Für den aber, der sich auf Grund einer genauen Kenntnis der versteinerten Reste ein einheitlich zusammenhängendes Bild von dem Wechsel des Lebens auf der Erde machen will, ergibt sich die Annahme einer Deszendenz als die einzig mögliche Grundlage dafür, und jedes Jahr bringt hier mit neuen Entdeckungen neue Beweise. Oft sind es Überraschungen, wie der Fund der Archaeopteryx, aber man kann sagen, erwartete Überraschungen. Was auf uns aber hier am meisten überzeugend wirkt, das ist die Einstimmigkeit, mit welcher alle betrachteten Zweige der Naturkunde reden zugunsten der Abstammungslehre.

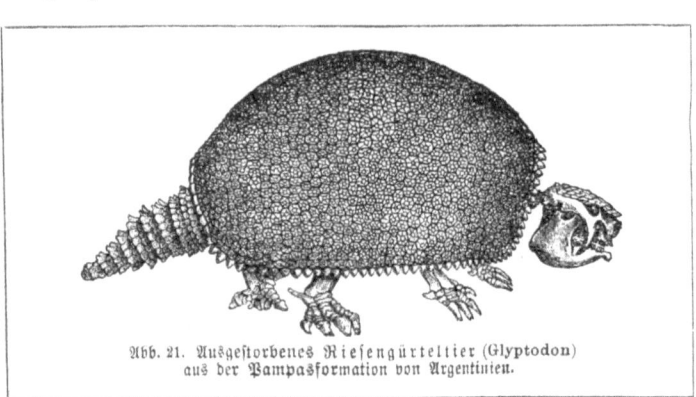

Abb. 21. Ausgestorbenes Riesengürteltier (Glyptodon) aus der Pampasformation von Argentinien.

Tierwelt Südamerikas

Beweise für die Abstammungslehre aus dem Gebiet der Tiergeographie.

Als Darwin auf seiner Reise um die Erde an Bord des „Beagle" Südamerika erreichte, wurde er im hohen Grade überrascht durch die Beobachtungen, die sich ihm in bezug auf

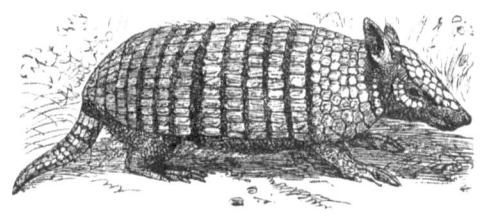

Abb. 22. Gürteltier (Dasypus sexcinctus).

die Verbreitung der dortigen Tierwelt und die Beziehungen der jetzigen zur früheren Tierbevölkerung dieses Erdteils aufdrängten: sie schienen ihm einiges Licht auf den Ursprung der Arten zu werfen, und so bekam er die Anregung zu den Untersuchungen, die seinen Namen unvergeßlich gemacht haben.

Dem jungen Naturforscher fiel es auf, daß die sonderbaren ausgestorbenen Säugetiere, deren Knochen besonders in den Pampastonen Argentiniens gefunden werden, wie das Riesengürteltier (Glyptodon, Abb. 21) und Riesenfaultier (Megatherium), zu Familien gehören, die auch jetzt noch in Südamerika und nur hier vorkommen, zu den Gürteltieren (Abb. 22) und Faultieren. Dieses Zusammenfallen im Vorkommen lebender Tiere von beschränkter Verbreitung mit ausgestorbenen Verwandten ist gerade in Südamerika sehr häufig. Das eigenartige Beuteltier Caenolestes wohnt hier, wie einst seine Verwandtschaft. Die sonderbaren Nagetiere, die sonst nirgendwo vorkommen, wie die Meerschweinchen, das Wasserschwein (Hydrochoerus), der Schweifbiber (Myopotamus), die Hasenmäuse (Viscachas, Chinchillas u. a.), waren auch in der Vorzeit hier durch verwandte Formen vertreten. Die Brüllaffen und Kapuzineraffen, die den südamerikanischen Wäldern eigen sind, haben auch nur hier ausgestorbene Verwandte. Derselben Erscheinung begegnen wir auch in anderen abgeschlossenen Gebieten. Känguruhs, die für das australische Festland so kennzeichnend sind, kommen auch als Reste aus früheren Zeiträumen nur in Australien vor. Die Halbaffenfamilie der Lemuriden ist auf Madagaskar beschränkt, und nur dort findet man versteinerte Reste, die ihr zugehören. Pinguine (Abb. 4) leben nur auf der südlichen Halbkugel, hauptsächlich im Südpolargebiet und an den Südspitzen der drei südlichen Erdteile, und nur in Patagonien, Neuseeland und auf der Seymour-Insel hat man Reste ausgestorbener Gattungen dieser Familie gefunden. Diese merkwürdigen Tatsachen werden uns nur verständlich durch die Annahme, daß die jetzt lebenden Arten sich in diesen Gebieten aus andersgestalteten Vorfahren entwickelt haben und als Überlebende eines Verwandtschaftskreises übrig geblieben sind, dessen Reste wir in jenen Versteinerungen vor uns haben.

Mit scharfem Blicke erkannte Darwin ferner eine Besonderheit, die gerade für die Tierbevölkerung Südamerikas scharf hervortritt: den nahen verwandtschaftlichen Zusammenhang innerhalb der Tiergruppen, die diesen Erdteil bewohnen, mögen sie nun die weiten Grasebenen Argentiniens, die dichten Tropenwälder oder die schneebedeckten Höhen der Anden bevölkern. So sind die Kolibris, kleine eigenartige Vögel, die sich durch ihre oft winzige Größe und den bunten Metallglanz ihres Gefieders auszeichnen, mit ihren nahezu 400 Arten fast ganz auf diesen Weltteil beschränkt — wenige finden sich auch in Nordamerika. Der dreizehige Strauß (Nandu) kommt auch nur dort vor, aber in zwei einander nahestehenden Arten. Die Nagetiere Südamerikas gehören mit wenigen Ausnahmen zu drei Familien, die sich fast nur hier finden; ihre Angehörigen füllen die Plätze aus, die in anderen Erdteilen Nager aus anderen Familien einnehmen; unsere Hasen und Kaninchen werden durch das Aguti und Viscacha, der Biber durch den Schweifbiber (Myopotamus), die Bisamratte durch das Wasserschwein (Hydrochoerus) vertreten — anatomisch sind sie untereinander viel ähnlicher als den Typen, mit denen sie die gleiche Lebensweise haben. Auch die Affen Südamerikas bilden einen engen Verwandtschaftskreis, so daß man sie als Neuweltsaffen denen der Alten Welt gegenüberstellt. Ähnlich ist es mit gewissen Eidechsenarten, den Leguanen, welche nach äußerer Form und Lebensweise mit den Agamen der Alten Welt sehr übereinstimmen. Würden wir sie nach ihrem äußeren Aussehen gruppieren, so müßte man die auf den Bäumen lebenden schlanken, seitlich zusammengedrückten Leguane mit den ähnlich gestalteten, baumbewohnenden Agamen, die plumpen, breiten und flachen Erdleguane aber mit den Erdagamen zusammenstellen. In dem anatomischen Bau, besonders in der Bezahnung, stimmen aber die Baumleguane und Erdleguane, trotz äußerer Verschiedenheit und anderseits die verschiedenen Agamen unter sich überein. Auf südamerikanische Säuger beschränkt finden wir ferner eigentümliche Haarparasiten, die der Gattung Gyropus angehören; sie vertreten dort die Haarlinge unserer Säuger (Trichodectes), sind aber im Bau näher mit den Liotheiden, den Federlingen unserer Vögel, verwandt. Von ihnen finden sich besondere Arten auf einer Anzahl Nagetieren, dem Faultier, dem Bisamschwein u. a.

Im auffälligsten Gegensatz dazu steht die Tierbevölkerung Nordamerikas, welche kein so eigenartiges Gepräge zeigt, sondern mit derjenigen des nördlichen Asiens und Europas so ähnlich ist, daß die einzelnen Tierformen dieser Länder sehr häufig durch Angehörige der gleichen Gattung, ja oft nur durch Spielarten der gleichen Art hier ersetzt sind: so entsprechen sich der Bison Nordamerikas und der Wisent Europas, der Biber Kanadas ist nur eine Varietät des europäischen, das Elen und das Rentier, der Vielfraß und der Bär Nordamerikas sind mit denen der nördlichen Alten Welt sehr nahe verwandt, und auf den Steppen dort lebt eine Springmaus ähnlich der in den russischen und sibirischen Steppen vorkommenden. Ähnliches wie für die Säugetiere gilt für die andere Bewohnerschaft.

Wie ist das zu begreifen, wenn man sich auf den Standpunkt der selbständigen Schöpfung der einzelnen Tierarten stellt: was bedingt denn für Südamerika den Vorzug einer Schöpfung nach ganz eigenem Muster, während Nordamerika, der Schwestererdteil, nach dem Vorbild Nordasiens und Europas bevölkert wurde? So können wir das nicht verstehen. Wohl aber bietet uns die Abstammungslehre eine Erklärung. Südamerika war lange Zeit hindurch isoliert: im Süden Nordamerikas und in Mittelamerika finden wir reichliche Ablagerungen aus der Tertiärzeit; bis gegen das Ende der Miozänzeit war das Land hier Meeresboden, und die Landbrücke, welche die beiden amerikanischen Festländer verbindet, ist erst verhältnismäßig jungen Ursprungs. Die Tierwelt also, welche beim Eintritt dieser Trennung in Südamerika war, entwickelte sich jetzt unbeeinflußt von fremden Beimischungen: die Lebensgebiete, welche noch nicht besetzt waren, die aber entsprechend ausgerüsteten Tieren Wohnung und Nahrung geboten hätten, konnten nicht durch fremde Einwanderer eingenommen werden, sondern es bildeten sich schon vorhandene Tierformen derart um, daß sie dort leben konnten: aus ihnen entstanden also die Bewohner des Gebirges ebenso wie die der Ebene, diejenigen der feuchten Niederung wie die der dürren Steppe. Die Tierfamilien, welche Südamerika bevölkern, haben hier ihren Entstehungsmittelpunkt. Erst seit

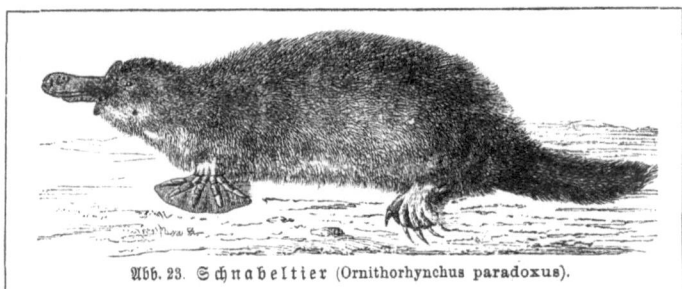

Abb. 23. Schnabeltier (Ornithorhynchus paradoxus).

dem Bestehen der Landbrücke sind einige Formen aus dem Norden eingedrungen, z. B. Wasch= und Wickelbär und die Stinktiere; umgekehrt haben sich einzelne Vertreter südamerikanischer Gruppen auch nach Norden ausgebreitet, wie ein paar Kolibris, ein Papagei, ein Gürteltier, einige Affen: alle aber sind sie, bei der verhältnismäßig kurzen Zeit, noch nicht weit vorgerückt, und das einheitliche Gepräge der Tierbevölkerung in jedem dieser Gebiete wurde dadurch nicht verwischt.

Nordamerika dagegen war an der Stelle, wo jetzt das Bering=Meer sich ausdehnt, mit Asien durch eine breite Landbrücke bis in die letzten Zeiten des Tertiär verbunden; so erklärt es sich denn leicht, daß die Tierformen, die an einer Stelle der ungeheuren nördlichen Landmasse ihren Entstehungsmittelpunkt hatten, sich über das ganze weite Gebiet verbreiteten: durch Nachwanderung unveränderter Stücke wurden die etwa beginnenden Unterschiede immer wieder aufgehoben; in der kurzen Zeit seit der Unterbrechung dieser Landverbindung haben sich die Formen nur wenig voneinander entfernt, so daß sie immer noch zur gleichen Gattung, ja oft noch zur selben Art gerechnet werden müssen.

Derartige Besonderheiten in der Tierbevölkerung sind nun nicht für Südamerika allein vorhanden, wir finden sie mehr oder weniger ausgesprochen auch in anderen Erdteilen. Zu besonders auffälligem Ausdruck kommt der Einfluß langer Absonderung in der Säugetierbevölkerung Australiens. Mit alleiniger Ausnahme einiger Fledermäuse, Nagetiere und des vom Menschen hingebrachten Dingohundes, und natürlich der von den Ansiedlern eingeführten Säugetiere, kommen hier hauptsächlich Beuteltiere vor, also Angehörige einer bestimmten Säugetierordnung, und außerdem die sehr niedrig organisierten Kloakentiere, das Schnabeltier (Abb. 23) und der Ameisenigel. Die Beuteltiere sind jetzt fast ganz auf Australien beschränkt — nur in Amerika findet man auch einige; aber in früheren Erdperioden, zu Beginn der Tertiärzeit, waren sie weit verbreitet, z. B. in den Gipsen des Montmartre bei Paris werden versteinerte Reste von ihnen gefunden. Bei uns sind sie jetzt ausgestorben, verdrängt von höher entwickelten Formen der Säugetiere; in Australien dagegen waren sie gegen solchen Wettbewerb gesichert und haben sich erhalten. Sie kommen hier in den mannigfaltigsten Erscheinungsformen vor: wie Eichkätzchen klettern sie auf den Bäumen (Flugbeutler), leben wie Murmeltiere in Erdhöhlen und fressen Wurzeln und Gras (Wombat) oder graben nach Maulwurfsart Gänge (Beutelmull); andere sind Kerbtierjäger mit spitzzähnigem Gebiß wie unsere Insektenfresser (Spitzbeutler); noch andere leben wie Marder und Wölfe als Räuber (Beutelmarder, Beutelwolf); in den weiten Grassteppen sind, wie anderswo die Springmäuse, so hier die hüpfenden, grasfressenden Känguruhs daheim — alle aber haben sie gemeinsame anatomische Merkmale: die Weibchen haben auf der Bauchseite einen Hautbeutel, in dem sie die in wenig entwickeltem Zustande geborenen hilflosen nackten Jungen herumtragen und säugen; zur Stütze dieses Beutels dient ein besonderer Skeletteil, der Beutelknochen (Abb. 38a); und alle haben sie ferner einen seltsamen, nach innen vorspringenden Knochenfortsatz am Unterrande des Unterkiefers. Die Erklärung, welche die Abstammungslehre für die Erhaltung solch altertümlicher Tierformen geben kann, habe ich schon oben ausgeführt. Dagegen wird niemand annehmen wollen, daß Australien bei einer erneuten Schöpfung vergessen oder bei einer Umwälzung der ganzen übrigen Erde verschont geblieben sei und deshalb seinen Tierbestand aus den alten Zeiten behalten habe.

Wenn so die Tierwelt besonders abgeschlossener Gebiete in den einzelnen Gruppen große innere Verwandtschaft zeigt — etwa wie in abgelegenen Dörfern die Verwandtschaft unter den Bewohnern eine viel größere ist als in Städten, wo viele Leute ab- und zuziehen —, so sind auf der anderen Seite die Bewohner getrennter Gebiete sehr verschieden, und die Verschiedenheit richtet sich weniger nach der Verschiedenheit der Lebensbedingungen als vielmehr nach der Mächtigkeit der trennenden Mittel und nach der Länge der Zeit, durch welche die Trennung dauert. Unter ganz ähnlichen klimatischen Bedingungen können doch sehr verschiedene Tierwelten bestehen, wie ein Vergleich der Bewohnerschaft von Südafrika, Südamerika und Australien zeigt: die Eigenart der beiden letzteren lernten wir schon kennen; die Löwen, Zebras, Antilopen des südlichen Afrika haben bei beiden keine Verwandten, und umgekehrt fehlen in Afrika die eigentümlichen Tiere jener anderen. Große Laufvögel haben sie alle drei; aber die Strauße Afrikas, die Nandus Südamerikas und die Emus Australiens gehören zu drei verschiedenen Familien.

Noch auffallender und mit dem Gedanken einer besonderen Schöpfung noch weniger vereinbar ist die Tatsache, daß die Meeresfauna an der Ost= und Westküste Südamerikas durchaus verschieden ist: fast kein Fisch, keine Schnecke, keine Krabbe sind beiden gemeinsam; dagegen stimmen manche Fische, Schnecken, Seerosen und andere Meeresbewohner im Osten und Westen Mittelamerikas auffällig überein, ein Verhältnis, welches sich dadurch erklärt, daß bis weit in die Tertiärzeit hinein ein großer Teil von Mittelamerika Meeresboden war, also die beiden jetzt getrennten Meeresteile noch zusammenhingen.

Auf Grund der Abstammungslehre müssen wir eben annehmen, daß von der Stelle aus, wo in früheren Zeiten der gemeinsame Vorfahr einer Tiergruppe lebte, sich dessen Nachkommen ausgebreitet haben. Die Verbreitungsmittel sind sehr verschiedene, und dementsprechend die Verbreitungshindernisse mehr oder weniger wirksam. Das wandernde Landtier wird durch Gebirge, Meere, Wüsten aufgehalten; für Wassertiere dagegen bilden die Meere Wanderstraßen, die Landstrecken sind ihnen unübersteigliche Hindernisse. Für die Bewohner der Lüfte aber, die Insekten, Vögel und Fledermäuse, bestehen viele Verbreitungsgrenzen nicht, welche Land= und Wassertieren gesetzt sind. Neben der aktiven Verbreitung müssen wir aber eine passive unterscheiden. Leichtere Tiere, besonders fliegende, werden oft durch Stürme weithin verschlagen; an dem Gefieder und den Füßen der Wat= und Schwimmvögel bleiben Wassertiere und deren Eier, nicht selten durch eine Schlammdecke geschützt, haften. Mit Treibholz werden durch das Meer neben Pflanzensamen oft auch Tiere, besonders aber deren widerstandsfähigere Eier und eingekapselte Zustände, wie Insektenpuppen, verschleppt.

Schon mehrfach aber wurde erwähnt, daß die jetzige Verteilung von Meer und Festland nicht immer so war, daß also manche Verbreitungshindernisse, die jetzt bestehen, früher nicht vorhanden waren. So haben wir Gründe zu der Annahme, daß in früheren, im Sinne der Erdgeschichte nicht gerade fernliegenden Zeiten Nordafrika mit Europa an verschiedenen Stellen, z. B. bei Gibraltar, Sizilien, Kreta durch Landbrücken verbunden war. Daher zeigt die Pflanzen= und Tierwelt in den nördlichen und südlichen Küstenländern des Mittelmeers sehr große Übereinstimmung. Die britischen Inseln waren bis nach der Eiszeit durch festes Land mit dem Kontinent verbunden; wir wissen nun, daß nahezu ihre ganze Oberfläche damals mit Gletschereis bedeckt war (Abb. 24) und sich deshalb dort nur wenig Leben halten konnte. Als das Eis abschmolz, rückten dann vom Festlande die Tiere nach Nordwesten vor und bevölkerten das Land, bis die verbindende Landbrücke unterging. Diese Zeit scheint nur verhältnismäßig kurz gewesen zu sein; denn von 22 Arten Reptilien und Amphibien, die wir in Belgien finden, sind in England nur 13 vorhanden, in Irland nur fünf. Die Säugetiere gelangten vermöge ihrer besseren Beweglichkeit fast alle nach England; in Irland dagegen, das früher abgetrennt zu sein scheint, fehlen Eichhörnchen, Feldhase, Feldmäuse und Maulwurf. Dagegen finden wir auf den ganzen britischen Inseln keine Wirbeltierart, die nur dort vorkäme.

Wurden Inseln jedoch schon vor langer Zeit, im Sinne der Erdgeschichte, vom Festlande losgerissen, so müssen wir nach der Abstammungslehre erwarten, daß sie eine mehr oder weniger eigenartige Tierbevölkerung haben: zur Zeit ihrer Lostrennung stimmte dann ihre Bewohnerschaft mit der des Kontinents überein; später aber konnten die Abänderungen, die bei ihren Bewohnern auftraten, nicht mehr dadurch ausgeglichen werden, daß fortwährend eine Mischung mit unveränderten Stücken der Stammart eintrat: es mußten sich allmählich Spielarten, neue Arten, und wenn es lange so weiter ging, neue Gattungen bilden, die nur auf diesen Inseln sich fanden. So hat z. B. die Insel Madagaskar, deren Verbindung mit Afrika schon zu Beginn der Tertiärperiode, also zu Anfang der Neuzeit der Erdgeschichte, unterbrochen wurde, eine sehr eigenartige Tierwelt, deren Gepräge ganz von dem der afrikanischen Tierwelt abweicht.

Ganz besonders verdient unsere Aufmerksamkeit aber die Tier= und Pflanzenwelt kleiner Inseln, die niemals mit dem Festlande in Verbindung standen und erst aus dem Ozean auftauchten, als die Festländer längst eine hochentwickelte Lebewelt besaßen, sei es, daß sie ihr Dasein der Tätigkeit unterseeischer Feuerberge verdanken oder durch Korallentiere allmählich aufgebaut wurden. Wir finden bei ihnen allen gewisse gemeinsame Züge. Sie haben sämtlich eine sehr spärliche Bewohnerschaft, und vor allem fehlen ihnen meist die Landwirbeltiere ganz. Von Säugetieren sind es nur Fledermäuse, die wir auf ihnen finden; Land=

Säugetiere können eben Meeresstrecken von mehr als 70 km nicht durchschwimmen. Vögel konnten, wenn die trennenden Meeresstrecken kürzere waren, solche Inseln leicht erreichen; auf entferntere Inseln wurden sie allerdings durch Stürme verschlagen. Natürlich gilt das nur für Landvögel; Meeresvögel, wie Möwen, Sturmvögel oder Seeschwalben, finden wir dagegen in Menge dort. Reptilien kommen selten vor — wahrscheinlich wurden ihre hartschaligen Eier in selten günstigen Fällen mit Treibholz über das Meer befördert; Lurche fehlen ganz: für sie sowohl wie für ihre Eier ist eben das Meerwasser Gift. Das gilt auch für Landschnecken, die aber, durch ihre Gehäuse geschützt und an Holz angeklebt, die Reise zuweilen glücklich zurücklegen können. Pflanzensamen konnten mit Treibholz vom Winde getrieben oder im Magen von Vögeln hinübergelangen.

Damit erklärt sich's ohne weiteres, daß solche Inseln, die erst verhältnismäßig kurze Zeit über die Meeresfläche sich erhoben haben, nur ganz wenige Bewohner ohne irgendwelchen bestimmten verwandtschaftlichen Zusammenhang haben, wie eben Wind und Fluten sie herantrugen. Auf der Vulkaninsel Krakatau bei Java, wo 1883 durch einen ungeheuren Ausbruch alles organische Leben vernichtet wurde, waren bis 1902 nur 92 Arten von Blütenpflanzen wieder angesiedelt, deren Samen meist durch Meeresströmungen und Wind, einige auch im Magen beerenfressender Vögel hinübergekommen waren, dazu eine Anzahl blütenloser Pflanzen wie Moose und Farne. Auch manche Tiere haben sich eingefunden; 1908 waren es 263 Arten nämlich 1 Wurm, 4 Schnecken, 240 Gliederfüßler — Spinnen, Fliegen, Wanzen, Käfer, Schmetterlinge —, 2 Reptilien und 16 Vögel. Alle gehören sie zu Arten, die auf Nachbarinseln heimisch sind. Auf den Kokosinseln (Koralleneilanden südlich von Sumatra) hat man nur Pflanzen gefunden, aber noch keine Tiere, die ja für ihre Entwicklung in letzter Linie stets auf Pflanzen angewiesen sind, denn die fleischfressenden nähren sich wiederum von Pflanzenfressern. Die 20 verschiedenen Pflanzenarten sind so wenig verwandt, daß sie zu 19 verschiedenen Gattungen und zu 16 Familien gehören; keine Art kommt nur hier vor, alle stammen von den benachbarten Inseln oder dem Festlande. Hier sind eben erst seit kurzer Zeit die Lebensbedingungen für landlebende Organismen vorhanden; eine eigenartige Entwicklung konnte daher bei den Bewohnern dieser Inseln noch nicht einsetzen.

Ganz anders steht es mit alten Korallen- und Vulkaninseln, deren

Besiedlung schon lange angedauert hat. Hier fallen uns ganz sonderbare Verhältnisse auf: einmal sind die Tierarten, die sie bewohnen, denen des nächsten Festlandes gleich oder doch am nächsten verwandt; dann aber finden wir sehr häufig Tierarten, ja oft Tiergattungen, die sonst nirgends vorkommen, die diesen Inseln eigentümlich, die, wie man sagt, endemisch oder eingeboren sind. Die Zahl der eingeborenen Arten und Gattungen ist um so größer, je weiter eine solche ozeanische Insel vom Festland entfernt ist. Einige Beispiele sollen uns das erläutern.

Betrachten wir zunächst einmal nebeneinander zwei Inselgruppen des Atlantischen Ozeans, die Azoren und die Bermudas-Inseln. Die Azoren, neun Inseln vulkanischen Ursprungs, sind von der portugiesischen Küste 1400 km entfernt, die Bermudas, etwa 180 kleine Koralleninselchen, liegen etwas weniger weit von Amerika ab. Landwirbeltiere fehlen den Azoren ganz; auf den Bermudas kommt nur eine Eidechsenart vor, die den Inseln eigentümlich ist. Von den 53 Vögeln, die man auf den Azoren findet, ist nur einer eingeboren, die anderen gehören zu Arten des europäischen Festlandes, ebenso wie die eine Fledermaus; auf den Bermudas sind alle Vögel und Fledermäuse amerikaschen Ursprungs. Auf den Azoren kennt man 69 Schnecken, von denen 32 eingeboren sind, 37 in Europa gefunden werden; auf den Bermudas dagegen sind von den vorhandenen Landschnecken ein Viertel eingeboren, die andern amerikanisch.

Es gleichen also die Tiere dieser Inseln in der Mehrzahl der Fälle solchen des benachbarten Kontinents. Demnach kann kein Zweifel sein, daß die Besiedlung von dort ausging. Die Möglichkeit, daß die eingeborenen Arten besonders für diese Inseln geschaffen wären, braucht man kaum in Erwägung zu ziehen; die wahrscheinliche Annahme ist, daß sie durch Umwandlung von eingewanderten Arten entstanden sind. Eine Art, welche häufig nach einer Insel verschlagen wird oder selbständig dorthin fliegt, wie ein gutfliegender Vogel, ist dort nicht isoliert; immer kommen wieder Artgenossen aus der alten Heimat, welche sich mit den schon ansässigen paaren, und dadurch wird verhindert, daß die Art sich gegenüber der Stammart verändert; Vögel und Fledermäuse sind daher meist unverändert. Wenn jedoch nur selten, vielleicht nie der Fall eintritt, daß ein Nachschub aus der Heimat kommt, so ist eine Tierart ganz isoliert, und etwaige Veränderungen, welche dann auftreten, werden nicht durch Kreuzung mit unveränderten Stücken wieder verwischt: so kommt es, daß bei solchen Tieren neue Arten entstehen, z. B. bei jener Eidechse auf den Bermudas, oder bei so vielen Schnecken auf beiden Inselgruppen. Bemerkenswert ist, daß auf den Azoren sich so viele Landschnecken artlich verändert haben, während die Arten der Meeresschnecken dort fast ausnahmslos denen des Mittelmeeres gleichen. Für jene bildet eben das Meer eine Schranke, für diese eine Verbreitungsstraße.

Bei weitem eigenartiger ist die tierische Bewohnerschaft des Felseneilandes St. Helena, einer vulkanischen Insel, die einsam im Ozean liegt und von dem näheren Afrika 1800 km, von Südamerika fast 3000 km entfernt ist. Landwirbeltiere fehlen hier ganz; von Landvögeln — in Gegensatz zu Meervögeln, wie Möwen — ist nur eine einzige Art vorhanden, ein Regenpfeifer; er ist der Insel eigentümlich, seine Verwandten sind südafrikanisch. Landschnecken hat man 20 Arten gefunden, alle eingeboren, einzelne sehr sonderbar, ohne nahe Verwandtschaft anderswo, drei mit europäischer Verwandtschaft. Von den 129 Käferarten sind 128 eingeboren; sie verteilen sich auf 39 Gattungen, von denen 25 nur hier vorkommen. Daß zwei Drittel von diesen Käfern Rüsselkäfer sind, erklärt sich damit, daß diese ebenso wie ihre Larven in und an Holz leben, und daß bei der Besiedlung solch ferner Insel gerade der Transport der Tiere durch Treibholz eine große Rolle spielt — es würde aber unverständlich bleiben, warum bei einer besonderen Schöpfung gerade diese Käferfamilie so bevorzugt worden wäre.

Endlich wollen wir noch einen Blick auf die Hawaiischen Inseln im Stillen Ozean werfen, deren vulkanischen Ursprung noch jetzt tätige Feuerberge bezeugen; das nächste Festland ist von ihnen über 3000 km entfernt. Die einzigen Landwirbeltiere, zwei Eidechsen, sind eingeboren, eine davon sogar so weit umgebildet, daß sie eine besondere Gattung darstellt. Die 16 Landvögel sind alle der Insel eigentümlich; sie gehören zu zehn eingeborenen Gattungen, von denen wiederum fünf so nahe verwandt sind, daß man sie zu einer besonderen, natürlich auch nur hier vorkommenden Familie vereinigt; hier sehen wir auf engstem Gebiet den Entstehungsmittelpunkt einer Gruppe aufs deutlichste ausgeprägt: der Urahn dieser Familie ist offenbar vor langen Zeiten hierher gelangt, und seine Nachkommen haben sich im Laufe der Zeiten so sehr nach verschiedenen Richtungen verändert, daß sie zunächst mehrere Arten einer Gattung und schließlich mehrere Gattungen einer Familie bildeten. Besonders reich und überraschend aber ist die Schneckenfauna hier ausgebildet: die Gattung Achatinella, die den Inseln eigentümlich ist, findet sich in fast 200 verschiedenen Arten — an anderen Orten fehlen sie ganz.

Wenn besondere Schöpfungsakte hier vorlägen, weshalb wären dann die Tiergruppen so verschieden bedacht — weshalb fehlten z. B. überall auf diesen Inseln die Säugetiere, während doch das Gedeihen der von den Menschen hierhergebrachten und dann verwilderten Säuger zeigt, daß sie sehr wohl hier fortkommen können? Weshalb dann der Anschluß an das benachbarte Festland, und auch der nur deutlich bei den Festländern näheren Inseln? Weshalb fehlen dann die eingeborenen Arten auf viel größeren Inseln mit mannigfacheren Lebensbedingungen, z. B. den britischen Inseln? All das begreift sich in dem überall schon angedeuteten Sinne aus der Abstammungslehre: die eingeborenen Arten sind abgeänderte Nachkommen von Formen, die an diesen Küsten von den Wellen angespült oder, wenn es Lufttiere waren, von der Gewalt eines Sturmes hierher verweht wurden. Daher oft die nahe Verwandtschaft untereinander, daher ihre Verschiedenheit von den Formen anderer Länder.

Wenn nun wirklich die Tiere einer Art von einem Entstehungsmittelpunkt aus sich verbreiten, so muß das Gebiet, welches von einer Tierart bewohnt wird, im allgemeinen ein zusammenhängendes, ununterbrochenes sein oder doch mindestens vor nicht zulanger Zeit gewesen sein. Wenn wir aber finden, daß eine Tierart in zwei Gebieten vorkommt, die durch ein für die Art unüberwindliches Hindernis getrennt sind, so würde das sich leichter durch eine wiederholte Schöpfung der Art erklären lassen als durch Umbildung aus einer anderen Art — denn wenn diese Umbildung von einer Art ausgegangen wäre, so wäre die Trennung der Wohngebiete nicht zu begreifen; von zwei, wenn auch verwandten Arten können aber nicht durch Umbildung nach der gleichen Richtung Nachkommen entstehen, die einander völlig gleich sind: von solcher Konvergenz der Entwicklung haben wir nirgends ein Beispiel, vielmehr führt die Entwicklung überall, wo wir zu Schlüssen berechtigt sind, zum Zerspalten einer Art in mehrere, einer Gattung in mehrere. Wenn wir also nicht eine einleuchtende Erklärung zu geben vermögen für die gesonderten Wohngebiete, so würden solche Vorkommnisse einen wirksamen Einwurf gegen die Abstammungslehre bilden.

Einige Beispiel dieser Art haben wir schon kennen gelernt: so erklärt sich die Gleichheit von Säugetieren Nordamerikas mit denen Nordasiens und Europas durch das Bestehen einer Landverbindung vor

56 Beweise für die Abstammungslehre aus der Tiergeographie

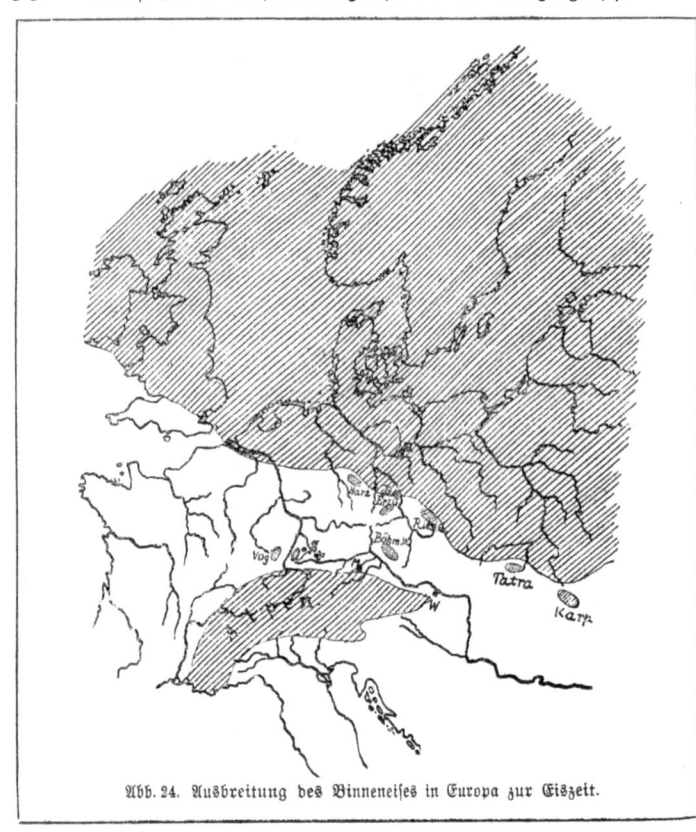

Abb. 24. Ausbreitung des Binneneises in Europa zur Eiszeit.

— erdgeschichtlich gesprochen — nicht allzu langen Zeiten, und dieselbe Erklärung ergibt sich für die Gleichheit der Landtiere der britischen Inseln mit denen Westeuropas.

Einen anderen Fall wollen wir hier noch erörtern. In den höheren Lagen der Alpen finden wir eine Anzahl eigenartiger Tiere, wie Schneehase und Schneehuhn, und mit ihnen besondere Pflanzen, wie manche Arten von Steinbrech, Hahnenfuß, Moosen und Flechten, welche außerdem auch in den skandinavischen Gebirgen vorkommen; in dem weiten Raum, der die beiden Gebiete trennt, ist keine Spur von ihnen zu finden;

es sind diese Lebewesen an das rauhe Klima ihrer Wohnorte gebunden, sie können also auch nicht vom einen Gebiete zum anderen gelangen. Wie findet sich nun die Abstammungslehre damit ab?

Eine merkwürdige Erscheinung, die wir mit Sicherheit aus vielen Anzeichen erschließen können, bietet uns hier eine Erklärung: es ist die Eiszeit. Zu Beginn der Erdperiode, die wir als Quartärzeit bezeichnen, erstreckten sich von den Hochgebirgen Skandinaviens nach Süden und Westen, und von den Alpen nach Norden riesige Gletscher. Die Gebiete, welche jetzt von Nord- und Ostsee eingenommen werden, und die damals wohl noch Festland waren, die britischen Inseln und das ganze nördliche Deutschland waren, ähnlich wie jetzt Grönland und die Länder am Südpol, unter einer zusammenhängenden Masse von Inlandeis begraben, die sich bis zur Rheinmündung, bis an den Nordrand des Teutoburger Waldes und Harzes, dann südlicher über Sachsen bis ans Erzgebirge ausbreitete. Von den Alpen her erstreckte sich eine große Eiswüste durch ganz Oberschwaben bis fast nach Sigmaringen, und weiter östlich reichten die Gletscher bis in die Nähe von München. In dem Gebiete zwischen diesen Eismassen war natürlich die Temperatur so herabgesetzt, daß auch die kleineren Gebirge mit ewigem Schnee bedeckt waren und vom Schwarzwald, den Vogesen, dem Bayrischen und Böhmerwalde, dem Riesengebirge und dem Harze sich Gletscher herabzogen (Abb. 24). Unter diesen Verhältnissen mußte natürlich die Temperatur in Mitteldeutschland eine völlig andere sein, und damit auch die Tier- und Pflanzenwelt. Die Eismassen hatten bei ihrem Vorrücken, das wir uns ganz allmählich und über viele, viele Jahre ausgedehnt denken müssen, die tierischen und pflanzlichen Bewohner des Hochgebirges und des Nordens vor sich hergedrängt: Schneehase und Schneehuhn mochten auf den Mittelgebirgen etwa die Bedingungen antreffen, die ihnen zum Leben notwendig waren. Und wirklich finden wir in den Ablagerungen, die aus damaliger Zeit in Mitteldeutschland erhalten sind, die Reste von Schneehase und Schneehuhn. Als sich die Eismassen nun wieder zurückzogen, so allmählich, wie sie gekommen waren, als die Enden der Gletscher mehr und mehr abschmolzen, da wurde es wieder wärmer im mittleren Deutschland: die Bewohner kühlerer Gegenden konnten im Harz, im Bayrischen Wald nicht mehr leben, aber sie folgten den zurückgehenden Eismassen, teils nach Norden, nach Skandinavien, teils nach Süden, in die Alpen. Wenn also diese Pflanzen und Tiere anfangs nur in Skandinavien oder nur auf den Alpen gelebt haben, so schlug die Eiszeit für sie die Brücke, auf der sie ihre Wohnsitze erweitern konnten, und jetzt haben sie ihr getrenntes Vorkommen in Nord und Süd. Einzelne von diesen Pflanzen und Tieren sind aber an passenden Stellen in dem Zwischengebiet erhalten geblieben. So kommen an verstreuten Fundorten auf den Bergen des Harzes, des Schwarzwalds, der Schwäbischen Alb und der böhmischen Gebirge eine Anzahl Pflanzen vor, die sich sonst nur im Norden und in den Alpen finden, wie der immergrüne Steinbrech (Saxifraga aïzoon) oder der zwiebeltragende Knöterich (Polygonum viviparum). Auch die Forellen und Felchen (Coregonus), die jetzt noch an die Gebirgswässer und die kalte Tiefe der Seen gebunden sind und ihre Laichzeit in den Wintermonaten haben, dürfen wir als solche Überbleibsel, als „Eiszeitrelikte" ansehen.

Die geographische Verbreitung der Tiere bietet also im Bunde mit den früher angeführten Tatsachen eine feste Stütze für die Abstammungslehre. Die Menge der Beweise aus diesen verschiedenen Wissensgebieten, welche alle das gleiche bezeugen und von denen ich hier nur eine spärliche Auslese vorführen konnte, ist eine geradezu erdrückende, und sie wächst mit jeder Vermehrung, die diese verschiedenen Wissenschaften erfahren. Die Abstammungslehre kann aber nicht bloß als Vermutung, als Hilfsannahme gelten, sie ist eine feste Grundlage der Wissenschaften, die sich mit den Lebewesen und ihren Formen beschäftigen. Wir werden daher im weiteren Verfolg unserer Betrachtungen die Deszendenz als etwas Bewiesenes annehmen.

Auch für den Menschen gilt die Abstammungslehre.

Es bleibt uns jetzt aber noch eine wichtige Frage zu erledigen: Welche Stellung weist die Abstammungslehre dem Menschen innerhalb der Lebewelt an? Dürfen wir das, was wir für die Tiere und Pflanzen annehmen, auch auf ihn ausdehnen? Dürfen wir es wagen zu behaupten, daß er nicht selbständig erschaffen sei, sondern von anderen, niedriger organisierten Tieren abstamme, dürfen wir ihn in die Tierreihe einordnen, ihn als ein Tier, wenn auch als das höchstentwickelte Tier, betrachten? Mancher mag geneigt sein, alles Bisherige zuzugeben, hier aber mit „nein" antworten. Wenn der Annahme der Abstammungslehre Schwierigkeiten gemacht worden sind, wenn sich besonders zu Anfang, ein wütender, nicht immer in den Grenzen sachlicher Erörterung bleibender Widerstand gegen sie entwickelte, so ist daran nicht zum mindesten diese ihre Folgerung schuld, daß auch der Mensch ein Glied der Tierwelt sei und denselben Bildungs- und Wandlungsgesetzen wie diese unterliege, dieser „Haß- und Verachtungsparagraph der Abstammungslehre", wie ihn deshalb ein Schriftsteller treffend genannt hat. Die Zeit aber hat

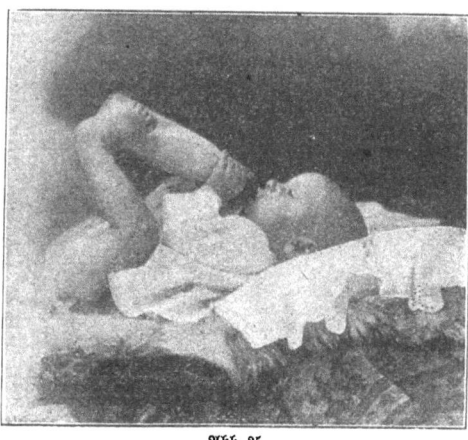

Abb. 25.
Säugling, die Milchflasche mit den Fußsohlen haltend.

die Schärfe der Gegnerschaft gemildert; man sieht jetzt meist dieser letzten Folgerung der Lehre unbefangen und ruhig ins Auge, ohne über die „Affenverwandtschaft" außer sich zu geraten. Hier aber wollen wir ganz sachlich die Gründe betrachten, weshalb wir den Menschen in den Bereich der Abstammungslehre einbeziehen müssen.

Seiner ganzen Körperlichkeit nach gehört der Mensch zweifellos in die Reihe der Säugetiere, und hier steht er nach seinem Bau wiederum den Affen am nächsten, mit denen ihn schon Linné zu der Ordnung der Hochtiere vereinigt hat. Diesen ist er so ähnlich, daß ein Forscher mit Recht sagen konnte, der Unterschied zwischen den niedersten Menschenrassen und den menschenähnlichen Affen sei weit geringer als zwischen diesen und den niedrigsten Affen.

Selbst das Organ des Denkens, das Gehirn, in dessen Äußerungen der Mensch auch die höchsten Affen weit überragt, ist im Bauplan demjenigen der höheren Affen völlig gleich, besonders das Gehirn eines Kindes: wir finden die gleiche Anordnung der Teile, die gleichen Furchen und Windungen der Oberfläche. Nur an Größe und Gewicht übertrifft das Menschenhirn dasjenige der Affen wesentlich: es ist etwa dreimal so schwer als das eines gleichgroßen menschenähnlichen Affen (1400 gegen 430 g). Doch dieser Unterschied wird uns weniger bedeutend erscheinen, wenn wir hören, daß das Gehirn eines solchen Affen seinerseits dreimal so schwer ist als dasjenige eines Hundes (Leonberger: 135 g) von etwa gleichem Gewicht.

Man pflegte früher die Affen als Vierhänder dem Menschen als Zweihänder gegenüberzustellen. Aber die vermeintliche Greifhand an den Hintergliedmaßen der Affen ist nach ihrer skelettlichen Grundlage und ihrer Muskelanordnung ein Fuß; der Greiffuß der Affen weicht also von ihrer Greifhand im Bau viel mehr ab als vom Fuß des Menschen. Ja bei kleinen Kindern, ehe sie gehen können, ist die Ähnlichkeit des Fußes mit dem Affenfuß noch viel bedeutender: die große Zehe überragt die übrigen noch nicht so an Länge und Stärke wie später; die Breite des Fußes im Verhältnis zur Länge ist bedeutender die Beweglichkeit ist größer, und vor allem läßt sich die große Zehe den übrigen noch leichter entgegenstellen. Auch sind die Sohlen mehr einwärts gedreht als beim Erwachsenen, wie ja auch die menschenähnlichen Affen beim Gang mehr mit der Außenkante der Sohle auftreten; daher können kleine Kinder mit ihren Sohlen Greifbewegungen ausführen (Abb. 25), wie die Affen beim Klettern. Es stehen damit die Kinder dem Zustande der Vorfahren noch näher als die Erwachsenen, ein Verhalten, für das wir in der Tierwelt Beispiele genug haben. Bei weniger hochstehenden Völkern finden wir Ähnliches: bei den Weddas auf Ceylon ist das Überwiegen der großen Zehe und des zugehörigen Mittelfußknochens viel geringer als bei den Europäern, und bei zahlreichen Völkern wird die große Zehe ähnlich wie der Daumen noch zum Greifen benutzt, wie zum Schleppen von Speeren und Aufheben von Steinen bei den Bewohnern der Südseeinseln. Daß solche Fähigkeiten auch bei uns vorhanden sind und es nur der Übung bedarf, sie zu größerer Vollkommenheit auszubilden, das zeigen gelegentlich Beispiele von unglücklichen, der Arme beraubten Menschen, welche ihre Fußkünste auf Jahrmärkten zur Schau stellen.

Dazu kommt, daß wir beim Menschen eine ganze Anzahl von rudimentären Organen kennen, von Organresten, die jetzt keine Verwendung mehr finden, deren Anwesenheit sich aber nur dadurch erklären läßt, daß sie bei den Vorfahren des Menschen in Gebrauch waren. So haben wir besondere Muskeln zur Bewegung der Ohren, aber nur verhältnismäßig wenige unter uns Kulturmenschen vermögen noch einen Gebrauch von ihnen zu machen — bei den meisten Säugern jedoch sehen wir, daß die Ohrmuscheln sehr beweglich sind, und sie werden als Schalltrichter benutzt, um Töne besser aufzufangen: die ausgiebigere

Beweglichkeit des Kopfes macht für den Menschen und für manche Affen die Bewegung der Ohren überflüssig. — Wir haben ferner, wie die anderen Säuger, den Rest eines dritten Augenlides in der sogenannten halbmondförmigen Falte, dem kleinen weißen Häutchen, das im inneren Augenwinkel liegt; bei einigen Hustieren ist diese Falte noch beweglich und kann ein Stück weit über die Hornhaut herübergezogen werden; auch bei den Vögeln kann man dieses dritte Lid beobachten — bei uns ist es, wie bei den meisten Säugetieren, außer Verwendung, ein Erbstück, das uns von alters her geblieben ist.

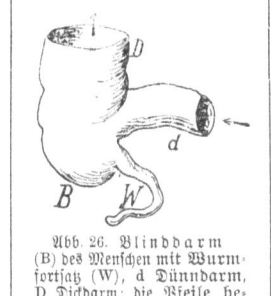

Abb. 26. Blinddarm (B) des Menschen mit Wurmfortsatz (W), D Dickdarm; die Pfeile bezeichnen die Richtung, in der sich der Darminhalt bewegt.

Wie die übrigen Säugetiere, so müssen auch die Vorfahren des Menschen ein vollständiges Haarkleid besessen haben. Reste von dieser Behaarung sind auch noch vorhanden: mehr oder weniger feine Härchen finden sich über unseren ganzen Körper verstreut; sie halten ganz bestimmte Richtungen inne, z. B. an den Armen von unten und oben gegen den Ellbogen, genau wie wir es bei den menschenähnlichen Affen finden; nur wenige Stellen, wie Hand= und Fußfläche, sind ganz unbehaart. Eine reichlichere Behaarung finden wir bei Keimlingen etwa drei Monate vor der Geburt: feine seidige Härchen, das sogenannte Wollhaar oder die Lanugo. Aber bald nach der Geburt fallen diese Haare aus; sie sind gleichsam eine Erinnerung an jene Zeit, wo den Vorfahren des Menschen ein stattlicheres Haarkleid zukam. Übrigens stehen einige unkultivierte Menschenrassen, z. B. die Ainos in Nordjapan und die Australneger, durch weit reichere Behaarung dem ursprünglichen Zustand noch näher als die Europäer.

In unserem Gebiß haben wir die gleiche Zahnanordnung wie die Altweltsaffen: zwei Schneidezähne, einen Eckzahn, zwei Lückenzähne und drei Backenzähne jederseits im Ober= und Unterkiefer. Aber der letzte Backenzahn ist deutlich in Rückbildung begriffen: er kann so weit verkümmert sein, daß er nur noch als rudimentärer Stiftzahn erscheint; stets tritt er erst auf, lange nachdem das übrige Gebiß schon vollständig ist, im 17. bis 19. Jahre, wenn die erste Torheit vorüber ist: daher sein Name Weisheitszahn. Bei tiefstehenden Völkern, wie Mon=

golen, Negern, Australiern, trifft man die Verkrüppelung der Weisheitszähne viel seltener als bei Europäern; ihr Gebiß ist noch affenähnlicher geblieben.

Ein rudimentäres Organ von großer Wichtigkeit findet sich am Darmkanal: es ist der sogenannte Wurmfortsatz des Blinddarms (Abb. 26). Bei vielen anderen Säugetieren, z. B. Rindern, Kaninchen, ist der Blinddarm ein stark ausgebildetes Organ, das an der Verarbeitung der Nahrungsstoffe sicher einen Anteil hat; beim Menschen ist er kurz, und sein Ende ist zu einem engen Rohr von etwa 8 cm Länge umgebildet, dem jede Verwendung fehlt. Es erleidet sogar im Leben des einzelnen offenbare Rückbildungen: beim Neugeborenen mißt der Blinddarm ein Zehntel der Länge des Dickdarms, beim Erwachsenen nur noch ein Zwanzigstel, ist also dort im Verhältnis viel länger und hält im Wachstum nicht gleichen Schritt mit dem übrigen Darm; auch kommt es häufig vor, daß seine Wände verwachsen, daß er also seinen Hohlraum verliert, und zwar findet man das bei Kindern aus den ersten zehn Lebensjahren nur in vier von hundert Fällen, bei Erwachsenen über sechzig Jahre zeigen es mehr als die Hälfte. Nicht bloß unnütz ist dieses Organ, es kann geradezu schädlich werden: wenn sich harte Speisereste, Kirschkerne, Fischgräten oder dergleichen hineinverirren, so können Entzündungen entstehen, die nicht selten zum Tode führen. Für die Annahme, daß der Mensch so, wie er jetzt ist, erschaffen sei, ist das eine große Schwierigkeit. Dieses wie alle anderen rudimentären Organe des Menschen können nicht anders begriffen werden als diejenigen der Tiere: sie sind deutliche Hinweise darauf, daß der Mensch von andersgestalteten Vorfahren abstammt, bei denen diese Organe noch in Tätigkeit waren.

Dazu kommt noch das Zeugnis der Entwicklungsgeschichte. Wenn dem Menschen sowie einigen höheren Affen der Schwanz fehlt, der sonst allen Säugetieren zukommt, so gibt es doch eine Ausbildungsstufe des Keimlings, wo ein deutlicher Schwanz vom Körper abgehoben ist und über die Ansatzstelle der Hintergliedmaßen frei hervorragt (Abb. 9, IVb); später verschwindet dieses Gebilde, nur ganz ausnahmsweise bleibt auch nach der Geburt ein gesonderter kurzer Schwanz bestehen; sein zeitweiliges Auftreten kann doch nichts anderes bedeuten, als daß er ein Erbstück von geschwänzten Vorfahren ist.

Ferner ist der Mensch, wie andere Säugetiere, als Keimling mit Kiemenfurchen und den ihnen entsprechenden inneren Schlundtaschen versehen; durch die Kiemenbögen zwischen den Kiemenfurchen verlaufen große Blutgefäße vom Herzen zur Körperschlagader. Die Anordnung ist genau dieselbe wie bei den kiemenatmenden Wirbeltieren. Dort aber hat ein solcher Verlauf der Blutgefäße eine hohe Bedeutung, denn er führt das Blut zu den Kiemen, wo es Sauerstoff aufnehmen und Kohlensäure abgeben kann. Eine solche Bedeutung aber fehlt hier: es kann kein Zweifel sein, daß diese Bildungen von kiemenatmenden Vorfahren ererbt sind. Ja von der ersten Kiemenspalte ist, wie bei allen höheren Wirbeltieren so auch beim Menschen, ein Überrest geblieben, der vor der Rückbildung dadurch bewahrt blieb, daß er eine neue Verwendung gefunden hat und in den Dienst des Hörorgans getreten ist: er besteht aus äußerer Kiemenfurche und innerer Schlundtasche, die durch eine Scheidewand getrennt sind; die Kiemenfurche ist der äußere Gehörgang, die Schlundtasche ist die sogenannte Eustachische Röhre, jener Kanal, der von der Mundhöhle ausgeht und sich zum Mittelohr erweitert; einen Teil der Scheidewand, welche beide Abschnitte trennt, bildet das Trommelfell des Ohres. Reste einer weiteren Kiemenspalte erhalten sich zuweilen krankhafterweise dadurch, daß die Kiemenfurchen und Schlundtaschen des Keimlings teilweise nicht zurückgebildet werden, es sind sogenannte Halsfisteln: sie treten dann als ein Loch seitlich am Hals auf, welchem im Schlunde eine taschenförmige Aussackung entspricht; aber das sind seltene abnorme Fälle. — Der menschliche Keimling im ganzen aber ist auf jüngeren Entwicklungsstufen den Keimlingen anderer Säugetiere so ähnlich, daß sie kaum zu unterscheiden sind. Und schließlich macht, wie alle Tiere, auch der Mensch ein einzelliges Stadium durch; das befruchtete Ei, aus dem er sich entwickelt, ist nur eine einzige Zelle! So durchläuft also der Mensch während seiner Entwicklung Zustände die sich nur damit erklären lassen, daß sie von andersgestalteten ferneren und näheren Vorfahren ererbt sind, Zustände, die gleichsam eine Wiederholung der Ausbildung sind, auf denen solche Vorfahren zeitlebens stehen blieben.

All das macht es zur Gewißheit, daß der Mensch nach seiner Körperlichkeit keine Sonderstellung gegenüber den anderen Tieren einnimmt, daß er mit ihnen verwandt, daß er ein Säugetier ist und mit den übrigen Säugetieren einen gemeinsamen Ursprung hat. Unter den Affen aber sind es wiederum die sogenannten Anthropoiden, die menschenähnlichen Affen, denen der Mensch am nächsten steht. Um nur eines anzuführen, so gleicht er ihnen in der eigenartigen Beschaffenheit des

Mutterkuchens, durch den der Keimling während seiner Entwicklung mit dem mütterlichen Körper verbunden ist; alle übrigen Affen aber unterscheiden sich darin von den Menschen und den Anthropoiden.

In jüngster Zeit sind höchst wichtige Tatsachen bekannt geworden, welche unzweideutig für die Verwandtschaft des Menschen mit den Menschenaffen sprechen: sie beziehen sich auf die Beschaffenheit des Blutes bei ihnen. Wenn man frisches Blut stehen läßt, so setzen sich die Blutkörperchen und der Faserstoff als Blutkuchen zu Boden und darüber bleibt eine klare hellgelbe Flüssigkeit stehen, das Blutserum. Spritzt man nun von dem Blutserum z. B. eines Pferdes eine kleine Menge in die Blutgefäße oder unter die Haut eines Kaninchens oder eines anderen Tieres, so wird das Blut dieses Tieres dadurch nach einigen Tagen in bestimmter Weise verändert: es ruft nämlich jetzt sein Blutserum, das wir Pferdeblut-Kaninchenserum nennen wollen, beim Einträufeln in eine Lösung von wenig Pferdeblut einen flockigen Niederschlag hervor, aber in diesem Falle nur bei Pferdeblut, also bei der Tierart, deren Blut dem Kaninchen vorher gleichsam eingeimpft war. Fuchsblut-Kaninchenserum bewirkt ebenso einen Niederschlag in einer Lösung von Fuchsblut; eine Lösung von Pferde- oder Menschenblut aber bleibt völlig klar bei Zusatz dieses Serums. Doch das gilt mit einer gewissen Einschränkung: der Niederschlag entsteht nicht bloß in der Blutlösung derjenigen Tierart, der das Blut zur „Impfung" des Kaninchens entnommen wurde, sondern auch in der Blutlösung nahe verwandter Tiere: also Pferdeblut-Kaninchenserum wirkt nicht bloß auf eine Lösung von Pferdeblut, sondern auch auf eine solche von Eselsblut, wenn auch etwas schwächer; Fuchsblut-Kaninchenserum ist auch auf Hundeblut wirksam. Stellt man sich nun ein Menschenblut-Kaninchenserum her (durch Einspritzung von menschlichem Blutserum in ein Kaninchen), so bewirkt das in einer Lösung von wenig Menschenblut einen Niederschlag — das ist wichtig für den gerichtlichen Nachweis menschlicher Blutspuren —, aber ebenso stark auch mit einer Blutlösung von menschenähnlichen Affen; mit dem Blute anderer Affen ist die Reaktion nur gering. Diese Versuche zeigen also eine „Blutverwandtschaft" im wörtlichen Sinne, eine Verwandtschaft, die vergleichbar ist mit der zwischen Fuchs und Hund oder zwischen Pferd und Esel.

Über den Gang der Entwicklung des Menschengeschlechts vor Beginn der geschichtlichen Überlieferung vermögen wir nur aus den jüngsten

Blutuntersuchungen. Versteinerte Menschenreste 65

Zeiten einiges durch unmittelbare Beobachtung zu erkennen. Überall sind deutliche Spuren von vorgeschichtlichen Menschen erhalten; wir finden ihre Geräte, ihre Waffen aus Eisen, Bronze, Stein oder Knochen, ihre Schmuckstücke, ja sogar Reste ihrer Wohnungen, z. B. die Pfahlbauten; wir finden in jüngeren Zeiten selbst Haustiere verschiedener Art in ihrem Dienste. Die Menschenreste selbst aber, die wir aus der nächsten vorgeschichtlichen Zeit kennen, sind nicht so verschieden

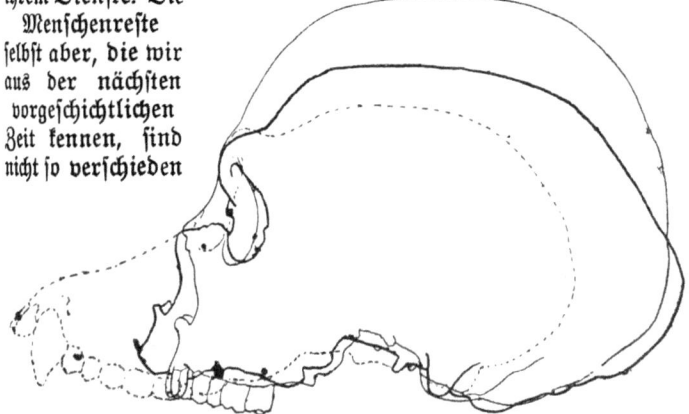

Abb. 27. Schädelprofil eines Menschenaffen (punktiert), eines Neandertalmenschen (dicke Linie) und eines jetzigen Europäers (dünne Linie).

von den gegenwärtigen, daß man eine besondere Art der Gattung Mensch darauf gründen könnte.

Aus den Ablagerungen von Beginn der Quartärzeit sind uns jedoch ebenfalls Knochenreste von Menschen bekannt, und diese zeigen einen ungleich ursprünglicheren Bau; man betrachtet sie jetzt als eine besondere Menschenart und bezeichnet sie, nach dem berühmten Schädelfunde in einer Höhle des Neandertals bei Düsseldorf (1856), als Neandertalmenschen. Reste dieser Menschenart, die ihrer Kultur nach der älteren Steinzeit angehört, sind seitdem öfter gefunden, besonders bei Spy in Belgien (1886), Krapina in Kroatien (1899), Le Moustier und Chapelle aux-Saints in Frankreich (1908), La Ferrassie (1909), La Quine (1911). Der Schädel dieses Menschen zeigt in seinen Formenverhältnissen eine Zwischenstellung zwischen Mensch und Affe (Abb. 27) und weicht in vielen Merkmalen mehr von dem des jetzigen Menschen als von dem der Anthropoiden ab; vor allem ist er bedeutend niedriger als jener und zeigt die zurückliegende „fliehende" Stirn und die gewaltigen Augenbrauenwülste der Affen. Auch mangelhafte Ausbildung des Kinns und Größe des Zahnbogens gehören zu den Kennzeichen des Neandertalmenschen.

Aus der älteren Eiszeit und den untersten Schichten der Quartärperiode waren lange Zeit keine Knochenreste vom Menschen bekannt. Zwar kann man dessen Dasein aus dem Vorkommen primitivster Steinwerkzeuge, der Eolithen, erschließen, die sich in altquartären und selbst in jungtertiären Ablagerungen finden, und die jetzt von vielen, wenn auch nicht von allen Sachverständigen als Menschenwerk anerkannt werden. Aber erst seit 1907 kennt man einen zweifellosen Rest von einem menschenähnlichen Wesen aus dem ältesten Quartär in einem Unterkiefer, der aus den Sanden von Mauer bei Heidelberg in der gleichen Schicht mit Knochen altquartärer und einiger spättertiärer Säuger gefunden worden ist. Das vollständig erhaltene Gebiß erweist sich, vor allem durch die geringe Ausbildung der Eckzähne, als vollkommen menschlich; aber die Massigkeit des Knochens und das völlige Fehlen eines Kinnvorsprungs stellen den Kiefer zwischen Neandertalmenschen und Anthropoiden.

Aus wahrscheinlich älteren quartären Ablagerungen stammt auch ein berühmter Fund aus Java: es ist eine Hirnschale und ein Oberschenkel, die zugleich an Menschen und an menschenähnliche Affen erinnern; das Wesen, dem sie angehören, ist Pithecanthropus erectus, der „aufrechte Affenmensch" benannt worden. Das Schädeldach schließt sich im allgemeinen an die Menschenaffen an, ohne einem einzelnen derselben zu gleichen, übertrifft sie aber in der Größenentwicklung; der zweifellos zum gleichen Tier gehörige Oberschenkel deutet in seiner Bildung auf aufrechten Gang seines Inhabers und ist menschenähnlicher als der Schenkel irgendeines Affen. Wenn es auch nicht sicher ist, daß Pithecanthropus selbst in die Ahnenreihe des Menschen gehört, so ist doch anzunehmen, daß er einem Menschenvorfahren sehr nahe stand.

Es weisen also die Bauverhältnisse des Menschen ebenso wie die erhaltenen Knochenreste menschenähnlicher Wesen aus früheren Zeiten sicher darauf hin, daß die Ahnen des Menschen affenähnlich waren.. Die Affen stehen dem Menschen unter allen Tieren nicht nur im Bau am nächsten, sondern vor allem auch nach ihrer geistigen Befähigung. Wichtig in dieser Beziehung ist, daß die höheren Affen schon fremde Gegenstände als Werkzeuge gebrauchen, z. B. Steine zum Öffnen von Nüssen, und daß sie, mehr als andere Tiere, über einen großen Reichtum verschieden artikulierter Laute mit bestimmter Bedeutung verfügen, die sie wie eine Art Sprache zu gegenseitiger Verständigung benutzen. Daß einer der jetzt lebenden menschenähnlichen Affen (Gorilla, Schimpanse, Orang, Gibbon) der direkte Vorfahr des Menschen sei, ist ausgeschlossen; unsicher ist es, in welchem Zeitraum der Erdgeschichte wohl der Stammbaum des Menschen von dem der Affen abzweigt. Vielleicht hat man in einer menschenähnlichen Affenart, Propliopithecus, deren Reste jüngst im älteren Tertiär von Ägypten gefunden wurden und die besonders im Gebiß vielfach an den Menschen erinnert, den gemeinsamen Vorfahren des Menschen und der Anthropoiden zu sehen. Jedenfalls müssen wir die Menschenaffen unter allen lebenden Tieren als die nächsten Verwandten des Menschen betrachten.

Daß der Mensch sich noch weiter umbilden wird, ist sehr wahrscheinlich. Welche Zeiten freilich darüber vergehen mögen, das entzieht sich unserem Ermessen, ebenso wie die Frage, ob diese Weiterentwicklung zu Fortschritt oder Entartung führen wird. Für die Zeiträume, auf welche sich die praktische Sorge und Voraussicht des Menschen bezieht, ist die Frage ohne Belang — die Zeiträume, um die es sich bei der Umbildung von Arten handelt, sind riesig gegenüber der Zeitrechnung menschlicher Geschichtsüberlieferung. Wie durch lange Zeiten die Erde bestand und Leben in Hülle und Fülle trug, ohne Menschen zu beherbergen, so wird sich auch das Leben auf ihr weiterentwickeln und umbilden, auch wenn einmal der Mensch nicht mehr vorhanden sein sollte. Die Erde und die Lebewelt auf ihr sind nicht um des Menschen willen da; aber daß er sie so gründlich zu seinen Zwecken zu benutzen weiß, das ist sein Ruhm und seine Stärke.

Die Darwinsche Theorie:
die Entstehung der Arten durch natürliche Zuchtwahl oder die Erhaltung der begünstigten Rassen im Kampfe ums Dasein.

Wenn wir auf Grund des anatomischen Baues der Lebewesen, ihrer Entwicklungsgeschichte, ihrer Aufeinanderfolge in vergangenen Erdepochen und ihrer jetzigen geographischen Verbreitung zu dem Schlusse gelangten, daß die Pflanzen- und Tierarten nicht selbständig erschaffen sind, sondern sich aus anderen einfacheren Arten entwickelt haben, so ist damit unserer Wißbegierde noch nicht genuggetan; denn sofort taucht mit diesem Ergebnis eine andere Frage auf, deren Beantwortung uns das Bild von der Entstehung der Arten erst vervollständigen soll, die Frage: „auf welche Weise die zahllosen Arten, welche jetzt die Erde bewohnen, so abgeändert worden sind, daß sie die jetzige Vollkommenheit des Baues und der gegenseitigen Anpassung erlangten, welche mit Recht unsere Bewunderung erregen."

Um eine klare Einsicht zu erlangen in die Mittel, durch welche solche Umänderungen und Anpassungen bewirkt werden, wandte sich Darwin dem Studium derjenigen Lebewesen zu, an denen wir die stärksten Abänderungen in verhältnismäßig kürzester Zeit, sogar innerhalb eines Menschenalters entstehen sehen: das sind die Kulturpflanzen und Haustiere.

Die verschiedenen Rassen der gezähmten Pferde, Rinder, Schafe, Hunde, Tauben usf. gehören im allgemeinen jedesmal zur gleichen Art. Es gibt gar nicht so viele Arten wilder Hunde, daß man annehmen könnte, die zahmen Hunderassen stammten je von einer besonderen Art ab und seien deshalb alle unter sich artlich verschieden; ja die wilden Hundearten, wie Wolf, Fuchs, Schakal, sind einander viel ähnlicher als die Rassen des Haushundes. Die vollkommene Fruchtbarkeit der bei uns vorkommenden Rassen untereinander durch viele Glieder bestätigt aber die Ansicht, daß sie nur eine Art zusammen bilden. Das gleiche gilt für unsere übrigen Haustiere und springt besonders dort in die Augen, wo man den wildlebenden Vorfahren sicher kennt. So ist es gewiß, daß unsere Haustauben Nachkommen der Felsentaube sind, die in den Mittelmeerländern, aber auch nördlich selbst bis England und Norwegen an steilen Felsen frei lebt: ihr gleichen die gewöhnlichen schiefergrauen Haustauben (Abb. 28, 1) an Farbe und Zeichnung genau, und die vielen Zuchtrassen, die wir kennen, sind nur Abänderungen dieser Form; das geht am deutlichsten daraus hervor, daß bei Kreuzung zweier sehr ungleicher Taubenrassen, etwa eines Kröpfers mit einer Pfauentaube, die Jungen meist — durch Rückschlag, wie man sagt — das schieferblaue Kleid und die zwei schwarzen Querbinden auf den Flügeln bekommen, wie die Stammform sie hat. Von der Felsentaube haben denn auch alle Rassen der Haustaube ihre Abneigung gegen das Sitzen auf Bäumen ererbt.

So müssen uns denn die Zuchterfolge des Menschen, der aus der einen Stammart so viele und so verschiedene Rassen erzog, in das größte Erstaunen versetzen. Ein Tierkundiger, der Tiere, wie Windhund, Teckel,

Große Verschiedenheit der Haustierrassen 69

Mops, Dogge, Spitzer freilebend fände, würde keinen Augenblick Bedenken tragen, sie zu verschiedenen Arten zu stellen, ja wahrscheinlich sogar zu verschiedenen Gattungen. Ein schweres Wagenpferd und ein Renner, ein zierlicher, lebensvoller Kampfhahn und ein plumper, träger

Abb. 28. Gewöhnliche Haustaube (1), englische Botentaube (2), Möwchen (3), Jakobiner (4) und Pfauentaube (5).

Cochinchinahahn sind sicher in dem Maße verschieden wie zwei sogar einander fernstehende Arten einer Gattung, und bei den Tauben vollends sind die Unterschiede sehr große: man denke an Gegensätze wie den langen, mit Fleischwülsten besetzten Schnabel einer englischen Botentaube (Abb. 28, 2) und den kurzen Kegelschnabel eines Möwchen (Abb. 28, 3), an Sonderbarkeiten wie die umgewendeten Nackenfedern eines Jakobiners (Abb. 28, 4); die Pfauentaube (Abb. 28, 5) hat 30 bis 40 Schwanzfedern, während die andern nur 12 bis 14 haben; der Purzler hat die sonderbare Gewohnheit angenommen, sich beim Fluge in der Luft zu überschlagen — kurz der Unterschiede sind so viele und so große, daß es wundernehmen muß, wie alle diese Abarten von einer einzigen Stammform herkommen.

Auf welche Weise nun erzielt der Tierzüchter solche Erfolge? Die Antwort ist: durch sorgfältige Auswahl der Tiere, welche er zur Nachzucht benutzt. Legt ein Schafzüchter besonderen Wert auf seine Wolle, so wird er aus seiner Herde diejenigen Böcke und Schafe, die das zarteste Vlies besitzen, auswählen und paaren — dann hat er Aussicht, daß viele der Lämmer von diesen Eltern die gleiche Eigenschaft erben, einige sie vielleicht noch in erhöhtem Maße zeigen; von den Lämmern wählt er wiederum diejenigen mit der feinsten Wolle zur Nachzucht aus, und indem er immer weiter so verfährt, häuft er die gewünschte Eigenschaft bei der Paarung und wird imstande sein, in verhältnismäßig kurzer Zeit die Güte der Wolle in seiner Herde erheblich zu verbessern. In ähnlicher Weise kann er eine Herde von Schafen erziehen, die zur Mast geeignet sind, indem er die bestbeleibten schnellwüchsigsten Stücke der Herde zur Zucht auswählt. Kurz, sein Verfahren können wir als häufende Zuchtwahl bezeichnen. Je feiner dabei der Blick des Züchters für die Eigenschaften seiner Tiere ist, um so schneller wird er die gewünschten Erfolge haben.

Dabei kann der Züchter natürlich seine Aufmerksamkeit immer nur auf die äußerlich erkennbaren Eigenschaften der Tiere richten. Die inneren Organe entziehen sich seiner Zuchtwahl, und so kommt es, daß die verschiedenen Haustierrassen im inneren Bau wenig voneinander abweichen bei sehr weitgehender äußerer Verschiedenheit.

Ja, von den äußeren Organen sind gewöhnlich nur diejenigen verändert, an deren Umwandlung dem Menschen gelegen ist, auf die sich seine züchtende Auswahl richtet. Bei den Kohlarten, deren Mannigfaltigkeit ja eine große ist, sind es die Blätter, die in Größe, Farbe, Anordnung und Geschmack sehr wechseln, während die Blüten bei allen gleich sind; bei den Gartenblumen dagegen, z. B. den Tulpen, sind die Blüten außerordentlich verschieden, aber die Blätter gleich: die Zuchtwahl hat eben im ersten Falle die Blüten, im zweiten die Blätter unbeachtet gelassen. Bei den Stachelbeeren sind die Früchte in hohem Grade verschieden, die Blüten gleich; bei den Rosen ist es umgekehrt. Bei den Rassen des Seidenschmetterlings sind die fertigen Schmetterlinge sehr ähnlich, die Kokons jedoch verschieden — denn nur auf diese, von welchen die Seide gewonnen wird, hat sich die Auswahl des Züchters erstreckt: aus den bevorzugten Kokons ließ er die Schmetterlinge ausschlüpfen und sich paaren und erhielt bei ihren Nachkommen wieder Kokons von den gewünschten Eigenschaften.

Wenn nun nicht alle Teile dieser Pflanzen und Tiere zugleich umgebildet wurden, sondern nur solche, auf die sich die Auswahl des Züchters richtete, so kann man nicht annehmen, daß der Mensch zufällig besonders unbeständige, zu Abänderungen geneigte Tiere und Pflanzen zur Zähmung auserjehen habe. Auch ist es wohl kaum die lange Zeit, während welcher die Haustierarten schon in der Gefangenschaft gehalten werden, wodurch sie besonders wandelbar geworden wären: von der Gans, die ja schon das Kapitol Roms vor den Galliern rettete, gibt es nur sehr wenige Rassen; vom Kanarienvogel dagegen, der erst seit dem 16. Jahrhundert etwa in Gefangenschaft gehalten wird, sind schon eine ganze Anzahl verschiedener Formen, Farbenspielarten und Rassen mit Hollen und Hauben, vor allem aber mit verschiedenem Gesang bekannt.

Wie nun die Formen der Kulturpflanzen und Haustiere nicht nur äußerst mannigfaltig, sondern auch den Bedürfnissen und Liebhabereien des Menschen so weitgehend angepaßt sind, so finden wir in der freien Natur nicht bloß eine große Fülle verschiedener Gestalten, sondern auch eine äußerst zweckmäßige Einrichtung der Tiere für ihre besondere Lebensweise, eine Anpassung an die jedesmaligen Lebensbedingungen: sie erscheinen wie „geschaffen" für ihre Stelle im Naturhaushalt. So haben die pflanzenfressenden Säugetiere, in deren Nahrung die Nährstoffe schwer zugänglich sind, breite mahlende Backenzähne zur gründlichen Verarbeitung des aufgenommenen Futters und einen langen Darm; die Fleischfresser dagegen, deren Beute leicht verdaulich ist, haben einen kurzen Darm und ein scherenartig schneidendes und nur zum Zerreißen, nicht auch zum Zermalmen geeignetes Gebiß.

Viele Säugetiere und Vögel der gemäßigten und kalten Zone zeigen eine sonderbare Anpassung an den Wandel, der durch den Wechsel der Jahreszeiten in der umgebenden Natur hervorgerufen wird. Im Sommer, wo das hohe Gras und das Laub der Büsche genugsam Gelegenheit zum Verbergen gibt, und ringsum eine Mannigfaltigkeit von Farben vorhanden ist, hat ihr Fell oder Gefieder braune oder andere dunkle Farben, die sich zugleich von der unruhig gefärbten Umgebung nicht sehr abheben, im Winter dagegen, wenn alles mit Schnee bedeckt ist, wo Gras und Laub als Schutz fehlen, werden sie ganz weiß: es

Abb. 29. Schneehuhn (Lagopus albus) im Winterkleid.

leuchtet ein, daß eine solche Färbung zu dieser Zeit die Verfolgten schützen, die Verfolger verbergen muß, daß sie also den betreffenden Tieren sehr von Vorteil ist. Solche Winterkleider treffen wir beim Hermelin, dem Eisfuchs, dem Alpenhasen, dem Schneehuhn (Abb. 29) u. a.

Oder: In dem Wasser schnell austrocknender Lachen und Pfützen finden wir allerlei Tierchen: kleine Krebschen, sogenannte Rädertiere und Bärtierchen, welche entweder selbst im Schlamm verkrochen ohne Schaden fast ganz austrocknen können, oder deren Eier, mit einer harten Schale versehen, das Austrocknen der Wohnplätze zu überdauern vermögen und sich erst weiter entwickeln, wenn sie wieder ins Wasser gelangen.

Oder: Die Pflanzen an dürren, trockenen Standorten, wie Heiden und Steppen, zeigen mannigfache Einrichtungen, die sie zu einem Ertragen des Wassermangels befähigen: ihre Wurzeln gehen in tiefere Bodenschichten, wo sich die Feuchtigkeit länger hält; ihre Blätter sind durch eine dicke Oberhaut oder dichte Behaarung vor zu großer Ausdünstung geschützt, so bei der Steineiche und Königskerze, oder sie häufen in ihren dicken fleischigen Blättern und Stengeln Vorräte von Wasser an, wie Mauerpfeffer, Hauswurz und die Kakteen.

Überall, wo wir uns in die lebende Natur vertiefen, finden wir solche Einrichtungen, welche der Erhaltung des Lebens der betreffenden Wesen oder ihrer Nachkommen dienlich sind und dadurch die Dauerfähigkeit der Art erhöhen. Sie ergeben sich nicht einfach aus der Formenmannigfaltigkeit; sie fordern eine Erklärung, um so mehr, als wir ja auf Grund anderer Tatsachen zu der Ansicht gekommen sind, daß die Lebewesen nicht von vornherein für die Verhältnisse, in denen sie jetzt leben, geschaffen und mit den Eigenschaften, die sie jetzt haben, durch die Weisheit des Schöpfers ausgestattet sind.

Darwin legte sich nun die Frage vor, ob die Anpassung der freilebenden Wesen an ihre Bedürfnisse nicht ähnlich zustande gekommen

Natürliche Zuchtwahl. Geburtenüberschuß

sei wie die Anpassung der Hauspflanzen und -tiere an die Bedürfnisse und Wünsche des Menschen, ob nicht auch dort eine Zuchtwahl ausgeübt werde, worauf sich diese Wahl gründe und wer die Rolle des Züchters spiele. Er kam zu der bejahenden Antwort, daß wirklich eine solche Auswahl stattfinde, und so stellte er der künstlichen Zuchtwahl, die der Mensch übt, die sogenannte natürliche Zuchtwahl zur Seite. Er gründete diese Auffassung auf folgende Überlegungen.

Die Pflanzen und Tiere bringen alle viel mehr Samen, Eier oder Junge zur Welt, als zur Erhaltung der Art nötig sind. Würden alle Distelsamen eines einzigen Strauches aufgehen, so wäre schnell ein ganzes Feld von Disteln vorhanden, und wiederholte sich das durch mehrere Jahre, so würde bald die Erde keinen Platz mehr haben, der nicht von Disteln bestanden wäre. Der Dorsch bringt jährlich 5 Millionen Eier hervor, ein Menschenbandwurm (Taenia solium) während seiner Lebenszeit deren 40 Millionen. Der Wasserfloh (Daphnia magna), ein kleines Krebschen, wächst unter günstigen Bedingungen in 5–6 Tagen heran; nach weiteren zwei Tagen ist die erste Brut, 12–16 Junge, entwickelt, und jeden dritten bis vierten Tag folgt eine weitere mit bis 60 und mehr Jungen. Daraus berechnet sich die Nachkommenschaft dieses einen Krebschens in einem Monat auf etwa 30 Millionen. Oder: ein Sperlingspaar erbrütet im Jahre dreimal sechs Junge, so daß im zweiten Jahre außer dem alten Paare noch 18 Sperlinge, im ganzen, wenn es das Glück will, 10 Paare vorhanden wären; die hätten unter den gleichen Bedingungen 180 Junge; im dritten Jahre wären also 100 Paare mit 1800 Jungen, im vierten Jahre 1000 Paare mit 18000 Jungen vorhanden, und so ginge die Vermehrung ins Endlose fort.

Von einem Baume, der 100 Jahre alt wird, braucht nur ein einziger Samen in diesen 100 Jahren aufzugehen und erhalten zu bleiben, damit der Bestand der Art gewahrt wird, und doch bringt er jährlich Tausende hervor! Der Elefant ist wohl das Tier, das sich am langsamsten vermehrt; er wird erst mit dem dreißigsten Jahre paarungsfähig, und das Weibchen bringt während seines langen Lebens nur etwa sechs Junge zur Welt; trotzdem würden die Nachkommen eines einzigen Paares, wenn sie alle zur Fortpflanzung kämen und ihr Durchschnittsalter erreichten, in 750 Jahren sich auf etwa 19 Millionen vermehrt haben!

Es ist also stets ein großer Geburtenüberschuß vorhanden, und da ja im allgemeinen, soweit wir beobachten können, die Zahl der Tiere einer Art an einem Orte im Durchschnitt gleich bleibt, jedenfalls nie in solch ungeheurem Verhältnis sich vermehrt, wie es nach ihrer Fruchtbarkeit denkbar ist, so müssen viel mehr junge Tiere zugrunde gehen, als erhalten bleiben und zur Fortpflanzung kommen. Dieser Tod kann kein natürlicher sein, denn in der Natur jedes Lebewesens liegt es doch, daß es mindestens bis zur Fortpflanzungszeit lebt. Es erliegen also jene dem Tode Verfallenen der Ungunst der Verhältnisse, sei es dem Nahrungsmangel, oder den Unbilden der Witterung oder ihren Feinden und dergleichen. Allen aber ist der Trieb eingepflanzt, ihr Leben zu erhalten: sich Nahrung zu erwerben, sich in Schlupfwinkeln vor den Witterungseinflüssen zu schützen oder sich den Feinden zu entziehen. Sie wehren sich ihres Lebens, sie kämpfen den Kampf ums Dasein: es kann das in selteneren Fällen ein eigentlicher Kampf sein, wie etwa zwei hundeartige Raubtiere um die Beute kämpfen — meist ist es ein Wettbewerb, der eine gelangt zum Ziele auf Kosten des anderen: so kämpfen zwei dicht nebeneinander stehende Sämlinge um die Nahrung, die der Boden bietet und die nicht für beide reicht, ja man kann sogar sagen: es kämpft die Pflanze am Rande der Wüste gegen die Trockenheit, die sie zu vernichten droht.

Nun wissen wir, daß eine gewisse Verschiedenheit zwischen den Angehörigen einer Art herrscht; bei den Kulturmenschen bemerken wir alle sie mit Leichtigkeit; der Hirt kennt jedes Tier seiner Herde, die Mutter kennt ihr Kind aus vielen heraus, während unser Blick dafür nicht geschult wäre. Genaues Zusehen überzeugt uns aber von der Allgemeinheit solcher Unterschiede. Es kann nun nicht fehlen, daß einzelne der Jungen besser geeignet sind als die übrigen, ihr Futter zu finden; mögen sie nun schärfere Sinne haben, um es zu sehen oder zu wittern, oder kräftiger sein als die anderen und sich ihnen gegenüber mit Gewalt des Futters bemächtigen — dann werden natürlich solche Stücke beim Nahrungserwerb vor den übrigen im Vorteil sein, und werden vor allem dann, wenn die Nahrung knapp wird, mehr Aussicht haben zu überleben als ihre weniger begünstigten Artgenossen. Oder solche, die klimatischen Einflüssen gegenüber widerstandsfähiger sind, werden einem strengen Winter, einer anhaltenden Regenzeit weniger leicht erliegen als die übrigen, solche, die sich besser zu verbergen verstehen oder leichtfüßiger sind, können den Feinden leichter entgehen.

Es müssen also im Kampfe ums Dasein, der durch den Geburtenüberschuß bedingt ist, immer die Passendsten überleben. Diese also kommen

allein zur Fortpflanzung und vererben ihre Eigenschaften, die ihnen zum
Siege verhalfen, auf ihre Nachkommen, unter denen wiederum eine
Auslese stattfindet. Auf solche Weise haben wir auch hier eine Häufung
der dem Tiere nützlichen Eigenschaften, und es führt dieser Prozeß zu
einer allmählichen Veränderung, und zwar Vervollkommnung der Arten.
Das nannte Darwin natürliche Zuchtwahl.

Was also bei der Zucht der Haustiere die Überlegung und Auswahl
des Züchters besorgt, nämlich die Häufung der erwünschten Eigen=
schaften, das übernimmt in der Natur der Kampf ums Dasein, und
die Möglichkeit zum Eingreifen gibt ihm der Geburtenüberschuß. Die
Art seiner Auswahl ist eine grausame, sie besteht in der Vernichtung
des minder Geeigneten. Aber während der Blick des Züchters nur
nach äußeren Eigenschaften zu urteilen vermag, und während er nur
auf das einzelne sein Augenmerk richten kann, berücksichtigt der Kampf
ums Dasein die ganze Organisation: verborgen sind für ihn nur die Eigen=
schaften, die weder nützlich noch schädlich sind; aber was nützlich oder
schädlich ist, das unterliegt seinem Einfluß: das eine wird erhalten,
das andere vernichtet. Dieser Kampf ist natürlich am stärksten zwischen
Tieren, die unter ähnlichen Bedingungen leben, zunächst also zwischen
Angehörigen der gleichen Art, die ja gleiche Wohnsitze, gleiche Nah=
rung, gleiche Feinde haben, dann aber auch zwischen Tieren verwandter
Arten, soweit sie ähnlich leben. Er ist seiner Natur nach von der Ver=
wandtschaft unabhängig, die Ähnlichkeit der Lebensbedingungen ruft
ihn hervor.

Gewöhnlich herrscht scheinbares Gleichgewicht in der uns umgeben=
den Natur: wir bemerken vom Kampf ums Dasein wenig, wir folgern
ihn nur theoretisch aus den eben angestellten Erwägungen. Zeitweise
jedoch treten Störungen dieses Zustandes ein. Es ist allgemein be=
kannt, daß nach einem milden Winter und günstigen Frühjahr sich
die Mäuse außerordentlich vermehren können — eine solche Mäuse=
plage aber hält nie viele Jahre hintereinander an: es vermehren sich
auch die Feinde der Mäuse, die großen sowohl wie Bussarde, Eulen,
die jetzt günstige Nahrungsbedingungen finden, wie die kleinen, die
krankheiterregenden Bakterien, und so wird die Zahl der verderblichen
Nager bald wieder gemindert, das Gleichgewicht wiederhergestellt.

Auffälliger jedoch wird die Wirkung des Kampfes ums Dasein,
wenn aus einer Lebensgemeinschaft, die sich in annäherndem Gleichge=
wicht befindet, ein Glied ausfällt oder in sie ein neuer Konkurrent ein=

bringt, der bis dahin nicht vorhanden war. So wollte König Karl von Neapel die Insel Procida bei Neapel zu einem Fasanengehege machen und verbot deshalb dort die Haltung von Katzen; aber in kurzer Zeit nahmen die Ratten und Mäuse so überhand, daß selbst die Kinder in der Wiege nicht mehr sicher waren, und das Verbot mußte aufgehoben werden. Ein Beispiel für den anderen Fall bietet das Auftreten der Wanderratte. Aus dem Jahre 1727 wird berichtet, daß Scharen von Wanderratten bei Astrachan die Wolga überschwammen und nach Westen weiterzogen. Von da ab begann ihr Kampf gegen die schwarzgraue, etwas kleinere, langschwänzigere Hausratte, die vorher die unumstrittene Herrschaft in Europa hatte. Gefräßiger, stärker, widerstandsfähiger als letztere, hat die Wanderratte jene mehr und mehr verdrängt und jetzt völlig den Sieg davongetragen: die Hausratte, die sich in einzelnen Schlupfwinkeln, wie Gebirgsdörfern, hier und da noch etwas länger erhalten hatte, gehört jetzt, in Deutschland wenigstens, zu den selteneren Tieren. In ähnlicher Weise haben in Australien die bestachelten Honigbienen, die aus Europa eingeführt wurden, in kurzer Zeit die eingeborene stachellose Biene verdrängt, und die nach Mittel- und Südamerika, Australien oder Neuseeland verschleppten europäischen Regenwürmer sind dort so allgemein geworden, daß man in kultivierten Gegenden die einheimischen Regenwurmarten kaum mehr findet.

Bekannt ist auch die Schnelligkeit, mit der eine amerikanische Wasserpflanze, die kanadische Wasserpest, in Deutschland die Gewässer erobert hat: erst vor 60 Jahren trat sie an den Mündungen unserer Ströme auf, wanderte in die Weichsel, Oder, Havel, Spree ein; aus den botanischen Gärten und den Aquarien der Liebhaber gelangte sie in Tümpel und Flüsse, so in die Donau, deren Oberlauf sie jetzt vielfach bewohnt. Ihre Vermehrung war an vielen Stellen eine derartige, daß zeitweise für die Schiffahrt in Flußarmen und Kanälen ernste Schwierigkeiten entstanden; dabei müssen aber auch viele andere Pflanzen in sehr merklicher Weise geschädigt, überwuchert und verdrängt worden sein; die Fische mußten in den von ihr ganz durchsetzten Gewässern beeinträchtigt werden, die Muscheln auf dem Grunde des Wassers litten darunter; andere Tierformen dagegen flüchteten sich vor ihren Verfolgern, den Fischen, in die Dickichte der Wasserpest und wurden dadurch begünstigt, kurz das Gesamtbild der Lebensgemeinschaft in einem Flusse mußte dadurch merklich geändert werden. Damit wurden die Bedingungen des Überlebens andere, und so können durch derartige Störungen mannigfache Umbildungen hervorgerufen werden.

Dies Beispiel zeigt schon, daß die **gegenseitigen Beziehungen der Lebewesen im Kampf ums Dasein** durchaus keine einfachen sind; vielfach sogar sind sie so verwickelt, daß sie sich unserer Schätzung ganz entziehen. Ein schönes Beispiel dafür hat Darwin angeführt: der rote Kopfklee bedarf, wenn er Samen bringen soll, des Besuchs der Hummeln, die beim Geschäft des Honigsammelns den Blütenstaub von einer Blüte auf den Stempel der anderen tragen und so die Befruchtung vermitteln; da die Honigdrüsen beim Klee im Grunde einer langen Röhre sitzen, so kommen eben nur die Hummeln mit ihrem langen Rüssel, nicht die kurzrüsseligeren Bienen, zu diesen Blüten. Hält man die Hummeln ab, so bleiben die Blüten unfruchtbar: Darwin erntete von 100 Köpfen Klee, zu denen die Hummeln Zugang hatten, 2700 Samen, von 100 anderen, die den Hummeln versperrt waren, keinen einzigen. Daraus geht hervor, daß das Gedeihen des Kleesamens wesentlich durch den Hummelbesuch bedingt wird; mit der Vertilgung der Hummeln würde der rote Klee verschwinden. Die Hummelnester aber werden häufig durch Feldmäuse zerstört, welche Larven und Honig rauben; in der Nähe der Ortschaften sind der Katzen wegen die Feldmäuse seltener, die Hummeln gedeihen hier besser und mit ihnen der Kleesamen.

Je mannigfacher aber die Beziehungen eines Lebewesens im Kampfe ums Dasein sind, um so eher ist die Möglichkeit vorhanden, daß ihm eine Veränderung seines Baues einen Vorteil vor seinen Artgenossen oder anderen Konkurrenten gewährt, und um so leichter wird daher eine Vervollkommnung der Art eintreten können.

Solch komplizierte Beziehungen sind natürlich bei der künstlichen Zuchtwahl nicht vorhanden; da sind die Zusammenhänge viel leichter zu überblicken als beim Kampf ums Dasein. Aber die künstliche Zuchtwahl bewirkt auch keine Anpassungen, sie züchtet nur für den Menschenvorteil und die Menschenlaunen, nicht für den Kampf ums Dasein. Der Mensch füttert seine Haustiere, er beschützt sie gegen ihre Feinde, er wahrt sie gegen die Einflüsse der Witterung. Wenn die Haustiere nicht auf diese Weise dem Kampf ums Dasein entzogen wären, wie viele von ihnen würden schnell den schädlichen Eigenschaften erliegen, die der Mensch ihnen angezüchtet hat! Von 300 Küken, die auf einer Wiese Nahrung suchten, wurden 24 durch Krähen getötet; die Färbung war bei einem Fünftel der Kücken „rebhuhnfarben" wie die des wilden Dschungelhuhns, je zwei Fünftel waren weiß und schwarz; unter den getöteten befand sich aber nur ein rebhuhnfarbiges, während es nach dem Mischungsverhältnis deren 5 hätten sein sollen; die von dem Menschen angezüchtete schwarze und weiße Farbe der Kücken war also den Feinden viel auffälliger als die ursprüngliche braune. In Gegenden, wo es viele Habichte gibt, ist das Halten weißer Tauben sehr unvorteilhaft, weil sie den Räubern viel mehr auffallen und von ihnen mit Vorliebe verfolgt werden. Haustiere mit hängenden Ohren, wie Hunde und Schweine, sind für das Freileben sehr ungünstig eingerichtet: wo solche verwildern, erhalten sie nach wenigen Generationen wieder die aufgerichteten Ohren ihrer wilden Vorfahren. Einige Hühnerrassen, wie Italiener und Haubenhühner, haben den Bruttrieb verloren. Ja, manche Taubenrassen wären für das Freileben völlig untauglich: von kurzschnäbeligen Purzlern ersticken über die Hälfte im Ei, weil sie mit ihrem kleinen Schnabel die Schale nicht zu zerbrechen vermögen; die Liebhaber helfen daher meist den Jungen durch Zerbrechen der Eischale heraus. Es leuchtet ein, daß solche Bildungen, welche die Konkurrenzfähigkeit der Tiere beeinträchtigen, im Kampf ums Dasein nie gezüchtet worden wären, daß ihre Inhaber aber, wenn sie die Pflege des Menschen entbehrten, in kürzester Zeit im Wettbewerb unterliegen müßten.

Die Voraussetzung für das Eingreifen der natürlichen Zuchtwahl ist natürlich die Variabilität — und deren Vorhandensein haben wir ja wiederholt festgestellt; aber wenn es zu einer Vervollkommnung der Arten kommen soll, so muß nicht die Veränderlichkeit überhaupt eintreten, sondern auch Veränderlichkeit zum Besseren. Sehr richtig sagt Darwin: Wenn so ungeheuer viele Abänderungen von Natur aus ohne Zutun des Menschen entstanden sind, aus denen dieser zu seinem Nutzen und Vergnügen Vorteil gezogen hat, so dürfen wir annehmen, daß auch Abänderungen auftreten, die für das Tier nützlich sind. Diese werden durch die Zuchtwahl erhalten und, so nimmt er an, gesteigert.

So glaubte Darwin in der natürlichen Zuchtwahl,- die ein Überleben des Passendsten im Kampfe ums Dasein bewirkt, das große Geheimnis gefunden zu haben, das die Erklärung für die Umwandlung der Lebewesen gibt, ja nicht bloß für die Umwandlung, sondern, und das ist wichtiger, für den Fortschritt. Die Zweckmäßigkeit, die wir sonst nach menschlichen Verhältnissen als Werk eines denkenden Geistes zu erklären geneigt sind, erscheint nach dieser Auffassung als eine Folge des ursächlichen Ineinandergreifens der Naturvorgänge, als eine natürliche Notwendigkeit.

Kritik der Zuchtwahllehre.

Dieser Theorie ist zum guten Teil der durchschlagende Erfolg des Darwinschen Werkes „über die Entstehung der Arten" und damit auch die schnelle Anerkennung der mit ihr verquickten Abstammungslehre zuzuschreiben. Aber während für die Abstammungslehre immer zahlreichere Beweise gefunden wurden und sie jetzt allgemein anerkannt ist, so hat die Zuchtwahltheorie (Selektionstheorie) zwar anfangs großen Beifall gefunden, ist aber immer mehr in Zweifel gezogen worden. So einleuchtend auch die ganze Darstellung klingt, so erheben sich doch gegen die Möglichkeit einer derartig unbeschränkten Wirkung der natürlichen Zuchtwahl, wie Darwin sie annimmt, mancherlei Bedenken. In noch vermehrtem Maße richten sich natürlich diese Bedenken gegen die Nachfolger Darwins, die alle Tatsachen der Fort- und Umbildung auf die natürliche Zuchtwahl zurückführen wollen und von einer Allmacht derselben reden.

In zahllosen Fällen hat sich jedenfalls die natürliche Zuchtwahl als machtlos erwiesen, bei Lebewesen Umwandlungen hervorzurufen, die ihnen ein Weiterleben unter veränderten Daseinsbedingungen, eine Anpassung an eine neue Lebensweise hätten ermöglichen können. Das trifft zu für die zahlreichen Gruppen von Pflanzen und Tieren, die ausgestorben sind, ohne veränderte Nachkommen zu hinterlassen. Es genügt, an die sonderbaren Reptilien der Vorzeit, wie Ichthyosaurus, Pterodactylus, oder an die artenreiche Familie der Ammoniten (Ammonshörner) zu erinnern. Aus den jüngsten Abschnitten der Erdgeschichte nenne ich nur das Mammut oder die flügellosen Riesenvögel Neuseelands. Ein im Aussterben begriffenes Tier ist offenbar auch das Okapi, ein mit der Giraffe verwandter Bewohner des tropischen Afrika, von dem nur noch so geringe Reste vorhanden sind, daß man erst in allerjüngster Zeit überhaupt von seinem Dasein erfuhr.

Die Umbildung einer Art kann offenbar nur dann durch die natürliche Zuchtwahl bewirkt werden, wenn ein gewisses Maß von Veränderlichkeit bei den Angehörigen derselben vorhanden ist. Wennschon höchst wahrscheinlich überall Verschiedenheiten der Einzelwesen vorkom=

men, so können wir doch durch direkte Beobachtung feststellen, daß die Neigung zum Abändern bei den verschiedenen Lebewesen nicht gleich ist: manche Arten zeigen ihre große Veränderlichkeit durch eine Menge von Spielarten und Lokalformen, während andere neben ihnen überall dasselbe Aussehen bewahren. Durch hervorragende Veränderlichkeit zeichnen sich z. B. die Rosen, die Brombeeren, die Teichschnecken (Limnaea) aus; bei den Männchen unseres Kampfläufers (Machetes pugnax), eines schnepfenartigen Vogels, ist die Färbung des Hochzeitskleides so ungemein wechselnd, daß kaum zwei zu finden sind, die einander gleichen. Dagegen hat die Gans selbst im Zustande der Zähmung, wo andere Tiere zu vermehrtem Abändern neigen, eine überraschende Einförmigkeit bewahrt.

Aber auch da, wo Abänderungen in größerem Umfange eintreten, und darunter auch bei einzelnen Stücken solche, die ihnen einen Vorteil vor anderen derselben Art bieten würden, ist es nicht ohne weiteres sicher, daß die natürliche Zuchtwahl die Tiere mit solchen Eigenschaften auch wirklich zu erhalten vermag. Der Mensch als Züchter kann zwar jede bei seinen Kulturpflanzen und Zuchttieren auftretende Abweichung auswählen, die betreffenden Stücke, und wären es nur zwei unter tausend, besonders sorgfältig hüten, sie von den übrigen absondern und untereinander paaren. Ob aber zwei von tausend Hirschen, die etwas schneller sind als die übrigen, deshalb gerade den Wölfen entgehen, ist durchaus nicht sicher: es könnte ja gerade ihnen geschehen, daß die Wölfe auf ihre Spur kämen und sie, wenn auch erst nach längerer Jagd, erlegten.

Doch, ganz abgesehen von zufälligen Verhältnissen, gibt es ein sehr wichtiges konservatives Element, das dem fortschrittlichen Element der natürlichen Zuchtwahl stets und scheinbar sicher entgegenwirkt und in sehr vielen Fällen geeignet ist, die Fortschritte zu verwischen, die jene zu erhalten strebt: es ist die allgemeine Kreuzung der Tiere innerhalb einer Art, die man auch als Panmixie bezeichnet. Da die Abänderung der Einzeltiere um eine gewisse Durchschnittsbeschaffenheit schwankt, von der teils nach der einen, teils nach der entgegengesetzten Seite Abweichungen eintreten, so werden durch die freie Kreuzung die Extreme wieder ausgeglichen und der Durchschnittstypus der Art erhalten. Wenn nun bei dreien unter hundert Artgenossen eine vorteilhafte Bildung auftritt und im Kampfe ums Dasein etwa zwanzig von ihnen überleben, darunter jene drei bevorzugten, so ist die überwiegende Wahrscheinlichkeit, daß sich diese nicht untereinander, sondern mit unveränderten Tieren kreuzen, und daß so bei ihren Jungen die vorteilhafte Eigenschaft schon bedeutend abgeschwächt ist; daneben aber sind mindestens noch sieben Paare vorhanden, bei denen keines der Elterntiere die vorteilhafte Eigenschaft zeigt, deren Nachkommen also wahrscheinlich auch nichts davon besitzen — und diese letzteren kommen wieder mit für die Kreuzung in Betracht, so daß in der dritten Generation jene Eigenschaft noch mehr zurückgedrängt wird, und so bei jeder folgenden weiter, bis jeder Rest verwischt ist.

Nun haben aber Versuche gezeigt, daß diese Auffassung vom Erfolg der Panmixie in vielen Fällen nicht zutrifft. Zwar halten oftmals die Nachkommen ganz oder nahezu die Mitte zwischen den beiden Elternformen, wie das Rackelwild, der Bastard zwischen Auer- und Birkwild, oder wie die Bastarde zwischen manchen Schmetterlingsarten, z. B. Wolfsmilchschwärmer und großem Weinschwärmer. Aber wenn man Kreuzungen zwischen Angehörigen der gleichen Art, die sich nur durch eine oder wenige Eigenschaften unterscheiden, mehrere Generationen hindurch weiterführt, so erhält man überraschende Ergebnisse. Kreuzt man z. B. von der japanischen Wunderblume (Mirabilis jalappa) eine rotblütige Form mit einer weißblütigen, so erhält man lauter Nachkommen mit rosa Blüten. Kreuzt man diese wieder miteinander, so wird zwar ein Teil der Nachkommen rosablütig, aber daneben kommen auch weißblütige und rotblütige vor; die Eigenschaften der Großeltern kommen also wieder rein zum Durchbruch. Ebenso gibt eine Kreuzung schwarzer und weißer Minorkahühner lauter Bastarde von einer Mittelfarbe, die der Züchter blau nennt; kreuzt man diese blauen Hühner wieder untereinander, so treten neben blauen auch schwarze und weiße Nachkommen in bestimmtem Zahlenverhältnis auf. Nimmt man aber mit solchen blauen Bastarden eine Rückkreuzung mit rein schwarzen (oder weißen) Formen vor, so treten neben schwarzen (oder weißen) auch blaue Nachkommen von demselben Farbton wie die Eltern auf, die unter sich gekreuzt wieder eine Anzahl weißer (oder schwarzer) Nachkommen bringen. In anderen Fällen stehen die Bastarde zweier Varietäten nicht in der Mitte zwischen den Eltern, sondern schlagen ganz nach dem einen Elter. Wenn man von unserer Gartenschnecke (Helix hortensis) solche mit einfarbigem und fünfstreifigem Gehäuse untereinander kreuzt, wird die ganze Nachkommenschaft einfarbig; kreuzt man diese Bastarde untereinander, so hat ein Teil der

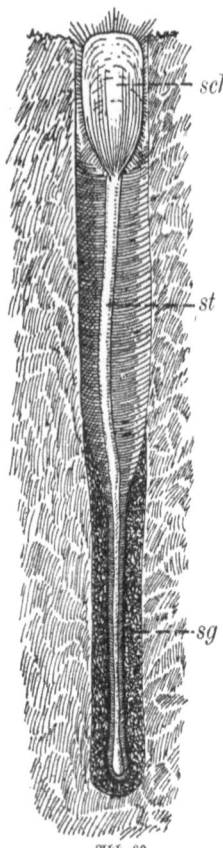

Abb. 80.

Lingula, ein Muscheling. Das Tier, dessen Körper von einer Schale (sch) umschlossen ist und auf einem zusammenziehbaren Stiel (st) sitzt, steckt in einer Röhre im Sande des Meeresbodens, in deren Grunde ein besonderes Gehäuse (sg) durch Zusammenkitten von Sandkörnchen mit Schleim gebildet ist, in das der Stiel ganz eingezogen werden kann.

Kritik der Zuchtwahllehre

Nachkommenschaft wieder fünfstreifige Gehäuse. Es war also in der 1. Bastardgeneration die Fünfstreifigkeit nur durch das „dominierende" Merkmal der Einfarbigkeit unterdrückt und trat in der 2. Generation aufs neue in die Erscheinung. Die genaueren, sehr wichtigen Gesetzmäßigkeiten bei solchen Kreuzungen müssen wir beiseite lassen; sie sind von dem Augustinerabt Gregor Mendel (1822—1884) in den sechziger Jahren des neunzehnten Jahrhunderts entdeckt, und daher sagt man von den Unterarten, die bei Kreuzung in der 2. Bastardgeneration teilweise in den unterscheidenden Merkmalen auf die Großeltern zurückschlagen: sie „mendeln". Wenn eine neu auftretende abgeänderte Form bei der Vermischung mit ihren Verwandten mendelt und dabei dominiert, so ist sie vor dem Erlöschen durch Panmixie sicher und wird der natürlichen Auslese unterliegen.

Bei Abänderungen, die nicht dominierend „mendeln", kann die natürliche Zuchtwahl nur dann mit Erfolg wirken, wenn eine nützliche neue Eigenschaft bei vielen Angehörigen der Art zugleich auftritt. Das kann man sich vielleicht so denken, daß auf alle Stücke der Art die gleiche Ursache wirkt, welche die einen mehr, die anderen weniger nach einer bestimmten Richtung vorteilhaft verändert. Dann wird allerdings die natürliche Zuchtwahl den Prozeß der Umwandlung beschleunigen und vielleicht sogar die Eigenschaft steigern können.

Es ist daher anzunehmen, daß nicht zu allen Zeiten das Wirkungsfeld der natürlichen Zuchtwahl ein gleich großes und günstiges ist, weil nicht immer eine so große Zahl gleichgerichteter Abänderungen bei einer Art vorhanden ist. Für die Umbildung sind solche Zeiten besonders günstig, wo für eine Art Veränderungen der

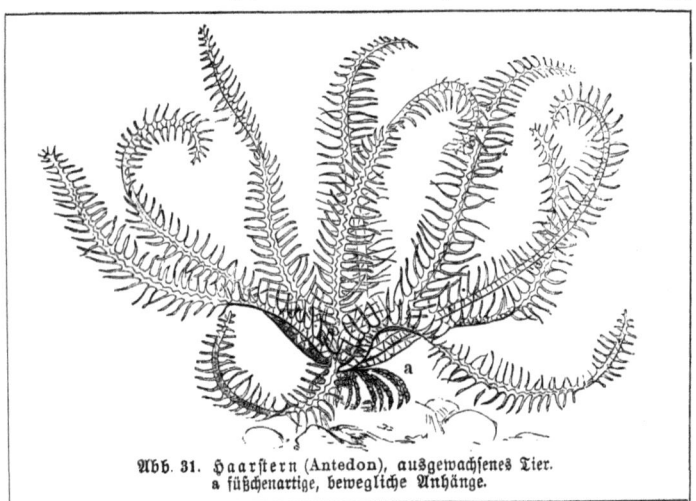

Abb. 31. Haarstern (Antedon), ausgewachsenes Tier.
a füßchenartige, bewegliche Anhänge.

Lebensbedingungen eintreten: mag sie nun selbst den Wohnsitz ändern oder am alten Wohnplatze das Klima anders werden. Die geänderten Bedingungen führen zu einer vermehrten Abänderung — so ist beim Sperling, der seit 1864 in Nordamerika eingeführt ist, eine bedeutende Steigerung der Veränderlichkeit gegenüber der europäischen Stammform zu bemerken, und das gleiche gilt dort für eine unserer gewöhnlichen Schnecken (Helix nemoralis). Bei gesteigerter Neigung zum Abändern ist die Wahrscheinlichkeit, daß viele Abänderungen nach der gleichen Richtung hin auftreten, eine größere: es ist also auch die Gelegenheit zum Eingreifen für die natürliche Zuchtwahl vermehrt. Andrerseits ist bei einer Änderung der Lebensbedingungen auch der Kampf ums Dasein ein härterer; es heißt: „Vogel, friß oder stirb!" Was sich mit den neuen Verhältnissen nicht abfinden kann, das erliegt, und nur das Geeignetere bleibt erhalten. So konnte auf der Koralleninsel Laysan eine einst dorthin verschlagene, jetzt für die Insel eigentümliche Finkenart (Telespiza cantans) unter den neuen Verhältnissen dadurch ihr Leben fristen, daß sie sich von den Eiern der dort ständig brütenden Seevögel ernährt; der starke scharfe Schnabel, den sie als Körnerfresser besitzt, erlaubt ihr eine solche Ernährungsart.

Doch nicht immer und an jedem Ort wird die natürliche Zuchtwahl

Abb. 32.
Festsitzendes, Pentakriniten-ähnliches Jugend-Stadium des Haarsterns Antedon.

eingreifen können, nicht überall werden Veränderungen in der hierzu notwendigen Weise auftreten, obwohl ja sicher immer und überall individuelle Verschiedenheiten zwischen den Stücken einer Tier- oder Pflanzenart vorhanden sind: dann überwiegt eben das konservative Element der freien Kreuzung.

So ist es möglich, daß sich manche Lebewesen durch ungeheuer lange Zeiten fast ganz unverändert erhalten. Unter den Muschelingen kennen wir eine lebende Gattung Lingula (Abb. 30), die sich schon in den Ablagerungen aus dem Altertum der Erde (Kambrium) versteinert findet. Auf dem Boden der Tiefsee, wo die Lebensbedingungen dem denkbar geringsten Wechsel unterworfen sind, finden wir altertümliche Tierformen, die in den flachen Meeren teils ausgestorben sind, teils sich weiter umgebildet haben. So durchläuft ein Haarstern des Mittelmeeres (Antedon, Abb. 31), der sich mittels füßchenartiger, gegliederter Anhänge frei bewegen kann, in seiner Entwicklung einen festsitzenden Zustand (Abb. 32): er besitzt einen dem Boden angehefteten Stiel, wie wir das als dauernde Eigenschaft bei den sogenannten Pentakriniten finden, Haarsternen, die in früheren Erdepochen den Boden des Meeres bevölkerten und deren Reste uns versteinert erhalten sind. Die Entwicklungsgeschichte zeigt also, daß Antedon von solchen festsitzenden Vorfahren abstammt. Aus den jetzigen Meeren kannte man derartige Formen nicht; wie war man da erstaunt, als in neuerer Zeit die in große Meerestiefen herabgelassenen Schleppnetze solche gestielte Haarsterne mit heraufbrachten, die sich noch jetzt unter den kaum wechselnden Verhältnissen jener Tiefen lebend erhalten haben, während ihre Verwandten im flacheren Wasser teils fortschrittlich sich zu Antedon-artigen Formen umgebildet haben, teils ausgestorben sind.

So ist es auch zu erklären, daß auf dem australischen Kontinent

Gleichgültige Eigenschaften. Sprungabänderungen

die Säugetierbevölkerung ein ganz altertümliches Gepräge bewahrt hat, wie sie es in Europa etwa zu Beginn der Tertiärzeit zeigt (S. 49); in Europa bot sich eben der Anstoß zum Fortschritt, dort aber verharrte, wahrscheinlich unter gleichbleibenden äußeren Bedingungen, auch die Lebewelt auf niedrigerer Stufe.

Der Spielraum, in dem sich die Abänderungen bewegen, ist jedoch bei den Angehörigen einer Art meist nicht groß: die abgeänderten Stücke stehen nach der einen wie nach der anderen Seite dem Durchschnittstypus sehr nahe. Die Anfänge einer nützlichen Eigenschaft werden daher häufig so geringfügig sein und ihren Besitzern so wenig Vorteil bieten, daß es schwer zu begreifen ist, wie sie diesen im Kampfe ums Dasein einen Vorsprung gewähren und ihr Überleben bewirken sollten. Aber dieser Einwand macht nur demjenigen Schwierigkeiten, der jede Umänderung auf natürliche Zuchtwahl zurückführt, der, darwinistischer als Darwin, annimmt, daß jede Bildung, jede Eigenschaft eines Lebewesens demselben nützlich ist oder mindestens in früherer Zeit einmal nützlich gewesen ist und so der natürlichen Zuchtwahl einen Angriffspunkt noch bietet oder doch früher bot. Es gibt aber zweifellos eine Menge von Eigenschaften gleichgültiger Natur, die weder nützlich noch schädlich sind für das Lebewesen, das sie besitzt: ich brauche bloß an die bunten Farben vieler Vögel und Schmetterlinge zu erinnern: Winter- und Sommergoldhähnchen, zwei nahe verwandte Vögel unseres Nadelwaldes, haben das eine einen feuerroten, das andere einen safrangelben Streif zu beiden Seiten des Kopfes — sollte für das eine diese, für das andere jene Farbe vorteilhafter sein? Oder was ist der besondere Nutzen, den die Zahlenverhältnisse gewisser Organbildungen, wie Zahl der Zehen oder der Schwanzwirbel mancher Wirbeltiere, bringen? Man bedenke nur, daß die Giraffe ebenso nur sieben Halswirbel hat wie der Walfisch! Und so wird man mancherlei Einrichtungen auffinden können, bei denen ein Vorteil unmöglich zu erkennen ist. Nützlichkeitsfanatiker werden freilich stets einwenden: diese Eigenschaften sind alle nützlich, nur kennen wir ihren Nutzen nicht! Mit solcher Beweisführung aber kommt man nicht vorwärts in der Wissenschaft.

Nicht immer sind jedoch die Abänderungen eines Lebewesens durch Übergänge lückenlos mit der Durchschnittsform desselben verbunden. Vielmehr ist mit Sicherheit nachgewiesen, daß es auch ein sprunghaftes Abändern gibt: unvermittelt können Stücke auftreten, die in einem oder einer Anzahl von Merkmalen von der Grundform stark abweichen. So ist plötzlich eine Akazie (Robinia) ohne Stacheln, oder eine Erdbeerpflanze ohne Ausläufer entstanden; in Nordamerika wurde 1791 ein Widderlamm mit kurzen krummen Beinen und langem Rücken wie ein Dachshund geboren. Solche Mutationen, wie man diese Sprungabänderungen nennt, treten stets nur in sehr geringer Anzahl auf; aber ihre Erhaltung wird trotzdem möglich sein, wenn sie „mendeln" (S. 82), und dafür kennen wir Beispiele. So übertrug das eben erwähnte krummbeinige Widderlamm seine Eigenschaften dominierend auf seine Nachkommen und wurde damit der Stammvater einer lange Zeit gezüchteten Schafrasse, der Anconschafe. Ebenso vererbte ein plötzlich entstandenes purpurblättriges Stück einer Dahlie seine rote Blattfarbe bei der Kreuzung mit anderen Dahlien, und von ihm stammen all die zahlreichen purpurblättrigen Dahliarassen ab. So können auch Eigenschaften, die im Kampfe ums Dasein vorteilhaft sind, sprunghaft gleich in voller Ausbildung auftreten und, wenn sie „mendeln", besonders wenn sie dabei „dominieren", zu allgemeiner Verbreitung gelangen.

In vielen Fällen ist überhaupt der Fortschritt gar nicht so zu denken, daß neue Organe für eine bestimmte Verrichtung erworben werden; sondern schon vorhandene Organe übernehmen eine neue Aufgabe, zuerst als Nebentätigkeit, dann allmählich als Haupttätigkeit unter fortschreitendem Verlust ihrer bisherigen Verrichtung. So geht aus der Bildung der Mundteile bei den Krebsen hervor, daß sie umgewandelte Gliedmaßen sind; ja bei den Naupliuslarven der Krebse (Abb. 15a) dient jenes Beinpaar, welches im Verlauf der Entwicklung zum Vorderkiefer wird, noch ausschließlich der Fortbewegung. Oder die Vordergliedmaßen, welche bei niederen Affen in der Hauptsache zum Gehen dienen und nebenbei zum Greifen benutzt werden, sind bei den menschenähnlichen Affen schon mehr Greif- als Gehwerkzeuge, bei den Menschen, wo die Hintergliedmaßen allein den Körper zu tragen vermögen, sind sie völlig zu Greiforganen geworden.

Durch ähnliche Vorgänge können aus einem Organe mit doppelter Verrichtung zwei Organe verschiedener Verwendung hervorgehen. Bei den niederen Wirbeltieren z. B. haben, wenigstens im männlichen Geschlecht, ein Teil der Nierenkanälchen und die Ausführungsgänge der Niere zugleich die Aufgabe, die Geschlechtsprodukte nach außen zu leiten; bei den Reptilien, Vögeln und Säugern jedoch entsteht von der Urniere der Keimlinge aus, die der bleibenden Niere der Fische und Amphibien entspricht, durch Knospenbildung eine selbständig mündende Niere, die beim erwachsenen Tier dann allein die Harnabscheidung besorgt, während die Urniere, der im embryonalen Leben diese Aufgabe zufiel, beim reifen Tier nur noch im Dienst des Geschlechtsapparats steht. Eine solche Spezialisierung für bestimmte Funktionen wird das Organ zu gründlicher Besorgung seiner Aufgaben befähigen und so einen Fortschritt in der Organisation vorstellen; dem betreffenden Tier aber werden schon beim ersten Beginn solcher Arbeitsteilung Vorteile im Kampfe ums Dasein erwachsen; die Schwierigkeit der „Organanfänge" besteht hier nicht.

Ja es ist sogar wahrscheinlich, daß viele später hervorragend nützliche Eigenschaften lange Zeit bestanden, ohne dem Tiere von Nutzen zu sein, bis sie bei einem Wechsel der Lebensbedingungen oder der Lebensweise zu großer Wichtigkeit gelangten. Der Umstand, daß die Schädelkapsel der Säugetiere aus einzelnen Stücken besteht, die beim Jungen noch nicht fest verbunden, sondern gegeneinander verschiebbar sind, ist von großer Wichtigkeit, weil bei der Geburt des Jungen durch die so bewirkte Nachgiebigkeit des Schädels der Durchgang durch das mütterliche Becken wesentlich erleichtert wird. Diese Beschaffenheit ist aber ein Erbstück von reptilienartigen Vorfahren, die wahrscheinlich wie die heutigen Reptilien aus dem vorher abgelegten Ei schlüpften, also jenen Vorteil von dieser Einrichtung nicht haben konnten.

Oder: es gibt eine Anzahl von Eidechsen und Schlangen, die lebendig gebärend sind, so die Bergeidechse, die Blindschleiche und die Kreuzotter; sie haben dadurch wohl keinen besonderen Vorteil gegenüber ihren eierlegenden Verwandten — nur für die Bergeidechse ist diese Eigenschaft von höchster Wichtigkeit. Die Jungen derselben werden nämlich von der größeren Zauneidechse verfolgt und gefressen, so daß überall, wo diese vorkommt, die Bergeidechse ausgerottet ist; diese hat sich daher in die Torfmoore, die kühleren Waldtäler und die Berge zurückgezogen, und dorthin kann ihr die Feindin nicht folgen. Die Zauneidechse legt nämlich ihre Eier ab in Sand oder Erde, wo sie dann durch die Wärme der Sonnenstrahlen ausgebrütet werden; in den feuchten Mooren gibt es keinen geeigneten Platz für die Eiablage, und in den kälteren Berggegenden würde häufig den abgelegten Eiern nicht die erforderliche Wärmemenge zukommen; es kann sich also dort die Zauneidechse nicht halten, wohl aber die lebendig gebärende Bergeidechse; denn das trächtige Weibchen sucht jeweils die wärmsten Stellen auf, um sich zu sonnen, und so erhalten auch die Eier in seinem Eileiter die nötige Erwärmung. So ist es also gerade das Lebendiggebären, was die Bergeidechse neben der Zauneidechse erhalten hat, indem es ihr ermöglichte, in Gebiete auszuweichen, wohin jene nicht folgen kann — auf der anderen Seite ist wohl kein Zweifel, daß die Bergeidechse schon lebendig gebärend war zu einer Zeit, in der die Zauneidechse mit ihr noch nicht in Wettbewerb trat.

Oder ein anderes: Schafe mit verkürztem Unterkiefer sind nicht imstande, kurze Weidepflanzen abzubeißen. Nun ist die Beobachtung gemacht, daß in manchen Fällen solche Schafe allein von der Leberfäule, einer durch die schmarotzenden Leberegel hervorgerufenen Krankheit, verschont blieben, während die ganze übrige Herde daran zugrunde ging. Die Keime der Schmarotzer sind nämlich ganz unten an den Gräsern eingekapselt und werden von den normalen Schafen mit aufgenommen, während jene anderen sie nicht fassen können. Die Verkürzung des Unterkiefers aber tritt nicht gerade selten auf und wird sehr wahrscheinlich vererbt. Wenn nun die Keime der Leberegel infolge irgendwelcher Verhältnisse zahlreicher würden, so könnte es kommen, daß jene vorher gleichgültige oder gar ungünstige Eigenschaft, die Verkürzung des Unterkiefers, allgemein die so ausgestatteten Tiere allein überleben ließe und so zum gemeinsamen Besitz der Art würde. — Eine solche Eigenschaft, die, wie in den drei Beispielen, unter neuen Verhältnissen gleich anfangs einen greifbaren Vorteil für diese Tiere bietet, kann nun wohl durch natürliche Zuchtwahl erhalten und gesteigert werden.

Wenn aber hier und da die Meinung auftaucht, daß durch die natürliche Zuchtwahl gar alle Lebewesen notwendig vervollkommnet sein müßten, und daß dies Prinzip geradezu als Vervollkommnungszwang wirken sollte, so ist das eine durchaus mißverständliche Auffassung. Die Vervollkommnung, welche durch diese Mittel herbeigeführt werden kann, nicht aber herbeigeführt werden muß, ist natürlich nur eine relative; ein Lebewesen wird eben möglichst tüchtig gemacht für seine besonderen Lebensbedingungen: der Bandwurm ist für das Schmarotzerdasein im Darm der Wirbeltiere ausgezeichnet eingerichtet, für das freie Leben ist er ganz untauglich. Auch die Anspruchslosigkeit sehr einfacher Lebewesen, die in einer trüben, übelriechenden Wasserlache ausdauern können, ist eine gewisse Vollkommenheit: sie können so einen Platz im Haushalt der Natur ausfüllen, der ihnen von höheren Tieren gar nicht streitig gemacht werden kann.

Und vollends die Frage, weshalb nicht alle Tiere durch die natürliche Auslese bis zur Menschenähnlichkeit gefördert worden sind, ist eine ganz unüberlegte. Als ob der Mensch ein solcher Ausbund von Vollkommenheit wäre! Neiden wir nicht dem Vogel seinen Flügel und dem Fische seine Schwimmkunst, übertrifft uns nicht der Hund in der Schärfe seines Geruches, der Adler durch sein Auge, der Hirsch durch seine Schnelligkeit? Je besser ein Tier seine Stelle ausfüllt, die es im Naturhaushalt einnimmt, um so vollkommener ist es für seinen Teil; erst wenn dann Angehörige dieser Art sich auf andere Stellen ausbreiten, kann ihre Vervollkommnung weitergehen.

Die natürliche Zuchtwahl ist sicher nicht in dem Umfange wirksam, wie Darwin glaubte. Wie weit ihr Einfluß tatsächlich geht, ist schwer zu entscheiden. Sicher ist, daß sie direkt schädliche Umbildungen ausschaltet, und wahrscheinlich, daß sie unter gewissen Bedingungen vorteilhafte Veränderungen befördern kann; wenn wir die Vollkommenheit mancher Anpassungen sehen, so können wir uns nicht entschließen, auf ihre leitende Mitwirkung zu verzichten. Jedenfalls kommen für die Artbildung außer ihr noch allerhand andere Förderungen in Betracht, die wir noch näher kennen lernen müssen.

Da es für das Eingreifen der natürlichen Zuchtwahl zur Vervollkommnung der Lebewesen in vielen Fällen von Wichtigkeit ist, daß ihr eine größere Anzahl von Stücken zur Verfügung steht, die alle in gleicher Richtung vorteilhaft abgeändert sind, so erhebt sich zunächst die Frage: Kennen wir irgendwelche Einflüsse, welche Veränderungen bei den Lebewesen veranlassen, und welche auf die Angehörigen derselben Art, die ja doch gleich oder nahezu gleich veranlagt sind, so einwirken, daß diese in mehr oder weniger gleicher Richtung abgeändert werden? Wenn wir diese Frage bejahen können, so kommen wir um einen Schritt vorwärts in der Erkenntnis der Artbildung: Sind solche Abänderungen nützlich, so wird ihre Erhaltung und allgemeine Verbreitung bei der Art durch die Auslese bewirkt, es kommt zu einer Vervollkommnung; sind sie gleichgültig, so wird doch, infolge der Verbreitung dieser Eigenschaft auf viele Stücke der Art, eine wenn auch langsamere Veränderung herbeigeführt; sind sie schädlich, so werden jedesmal die so veränderten Stücke ausgemerzt, und unter Umständen, nämlich wenn diese Abänderungen alle Angehörigen der Art ergreift, geht diese dann zugrunde.

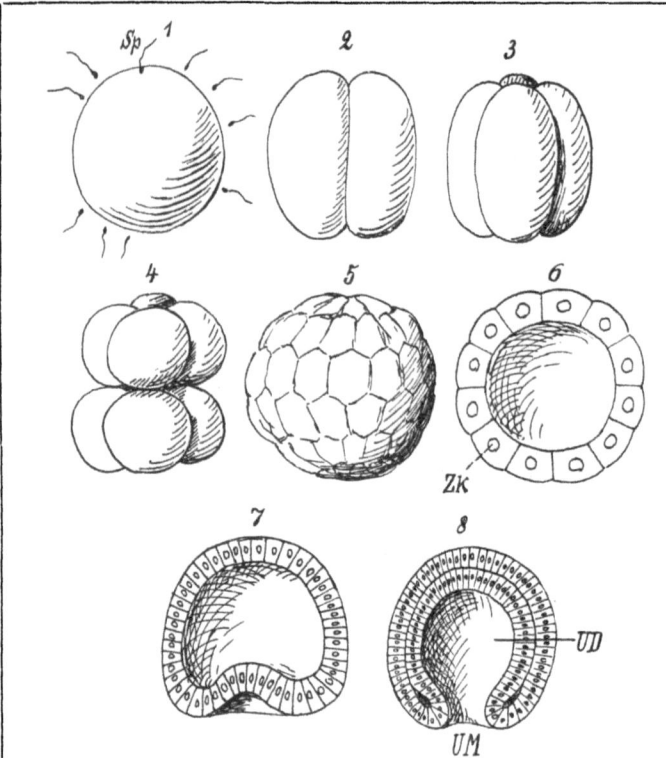

Abb. 33. Schema der ersten Entwicklung eines vielzelligen Tieres.
In das von Samenfäden (Sp) umschwärmte Ei bringt ein solcher ein (1); das Ei teilt sich darauf in zwei (2), vier (3), acht (4) usw. Zellen und wird zu einer Hohlkugel (5), die in (6) halbiert dargestellt ist; ZK Zellkern; (7) und (8) zeigen an halbierten Entwicklungsstadien die weiteren Umbildungen; durch Einstülpung eines Teils der Kugelwandung entsteht ein doppelwandiger Keim mit Urmund (UM) und Urdarm (UD).

Über die Vererbbarkeit der Eigenschaften.

Ehe wir jene umbildenden Einflüsse selbst betrachten, müssen wir eine sehr wichtige Vorfrage erledigen: Wie kommt die erbliche Übertragung von Eigenschaften zustande? Wenn bei einer Anzahl artverwandter Lebewesen eine Eigentümlichkeit neu auftritt, so kann sie nur dann zu einem dauernden Besitz der Art werden, wenn sie von den Eltern auf die Nachkommen vererbt wird. Es ist zwar eine alltägliche Erfahrung, daß die Nachkommen den Eltern ähnlich sind, aber wir bemerken auch nicht selten, daß gewisse Eigenschaften von der einen oder anderen elterlichen Seite dem Kinde fehlen. Die Verhältnisse der Vererbung sind durchaus keine einfachen. Das eingehende Studium derselben geht noch nicht weit zurück; wenn aber auch noch manches ungeklärt geblieben ist, so ist doch so viel sicher, daß viele landläufige Auffassungen unhaltbar sind.

Die Entstehung eines neuen Individuums läßt sich am einfachsten bei niederen Tieren beobachten, z. B. bei einem Seeigel. Hier entleert das reife Weibchen seine Eier, und ebenso das männliche Tier seine Samenfäden ins Wasser. In einem Schälchen mit Seewasser, in das man eine Anzahl der kleinen, ziemlich durchsichtigen, reifen Eier und etwas reifen Samen bringt, kann man unter dem Mikroskop die äußeren Vorgänge ohne Schwierigkeit beobachten. Die winzigen Samenfäden sind frei beweglich und schwimmen umher; wenn sie ein unbefruchtetes Ei treffen, so dringen sie in dasselbe ein und verschmelzen mit ihm — wenn sich erst ein Samenfaden in das Ei eingebohrt hat, folgt ihm kein zweiter; das Ei ist jetzt befruchtet.

Ei sowohl wie Samenfaden sind jedes eine einzelne Zelle; ihre Vereinigung geschieht derart, daß eine völlige Verschmelzung der einander entsprechenden Teile eintritt, und das befruchtete Ei stellt dann ebenfalls nur eine Zelle vor. Diese Zelle nun besitzt die wunderbare Fähigkeit, sich zu einem vollständigen Seeigel zu entwickeln; sie teilt sich in zwei Zellen, jede dieser beiden ebenso, so daß durch fortgesetzte Zweiteilungen 4, 8, 16 und so fort bis viele Tausende von Zellen entstehen (Abb. 33): diese fügen sich in bestimmter Weise zu einem Ganzen zusammen, das dann durch weitere Umbildung und durch Wachstum den Elterntieren ähnlich wird, d. h. ihre wesentlichen Eigenschaften bekommt.

In dem befruchteten Ei müssen alle Bedingungen vorhanden sein, welche seine Entwicklung zum fertigen Tiere ermöglichen. Das Ei einer Eule und einer Schildkröte sind äußerlich ähnlich, aber ihrem Wesen nach müssen sie so verschieden sein wie Eule und Schildkröte. Nicht als ob das künftige Tier mit allen seinen Teilen im kleinen darin vorgebildet wäre, wie der Zweig in der Knospe, und sich nur auszuwachsen brauchte. Sondern die Eigenschaften, die sich später entwickeln, sind als Anlagen enthalten, und als Träger dieser Anlagen müssen wir bestimmte, fein organisierte Teile des Eies betrachten, deren Masse wir als Vererbungssubstanz oder Erbmasse bezeichnen können.

Diese Anlagen müssen wir uns natürlich als vollkommen materiell vorstellen, als geringe Massen lebendiger Substanz, deren kleinste Teilchen wahrscheinlich chemisch verschieden aufgebaut und wohl auch in ganz bestimmter, nach der Art der Anlage verschiedener Weise zueinander angeordnet sind. Genauere Vorstellungen davon zu bekommen ist sehr schwierig, denn wir wissen von der lebendigen Substanz nicht viel mehr, als jemand von einer Taschenuhr weiß, wenn er sie eingeschmolzen und das Schmelzprodukt auf seine chemischen Bestandteile genau untersucht hat.

Wir wissen nun aus Erfahrung, daß die Vererbungsmöglichkeit von seiten beider Eltern gleich groß ist. Besonders bei Verschiedenheit der Eltern, z. B. bei der Kreuzung verwandter Arten, zeigt es sich, daß die Jungen in ihren Eigenschaften im allgemeinen die Mitte zwischen beiden Elterntieren halten, z. B. das Maultier zwischen Pferd und Esel, das Rackelwild zwischen Auer- und Birkwild; sie haben also gleichviel vom Vater wie von der Mutter ererbt.

Der einzige körperliche Anteil aber, den die Elterntiere an dem Jungen haben und der somit für die Übertragung in Betracht kommt, sind das Ei und der Samenfaden. Obgleich diese außerordentlich klein sind, obgleich das Ei sehr häufig an der Grenze der Sichtbarkeit für unser unbewaffnetes Auge steht, der Samenfaden aber nur mit stärkeren Vergrößerungen durch das Mikroskop sichtbar wird, muß in ihnen doch die gesamte Erbmasse enthalten sein, die einerseits von mütterlicher, anderseits von väterlicher Seite die Eigenschaften überträgt. Bei der Teilung der befruchteten Eizelle wird nun die Vererbungssubstanz auf alle Tochterzellen gleich verteilt. Sehr frühe schon, ehe der junge Keimling mit den Elterntieren noch irgendwelche Ähnlichkeit hat, beobachtet man, wie sich eine oder zwei Zellen zu besonderer Verrichtung absondern; während die übrigen Zellen sich zu Haut-, Nerven-, Muskel-, Darmzellen usw., sagen wir allgemein zu Körperzellen umgestalten, gehen aus jenen die Fortpflanzungszellen hervor: aus ihnen ausschließlich entwickeln sich bei den Weibchen die Eier, bei den Männchen die Samenfäden.

Die Erbmasse in den Körperzellen bewirkt die Umwandlung der Gesamtheit dieser Zellen in ein den Eltern ähnliches Tier; sie wird hier aktiv, die in ihr vorhandenen Anlagen kommen, jede an ihre Stelle, zur Entfaltung. Die Erbmasse in den Fortpflanzungszellen dagegen bleibt inaktiv, die Anlagen werden nicht entfaltet, sie bleiben latent und kommen erst zur Entwicklung, wenn eines der Eier oder Samenfäden an der Grundlegung zu einem neuen Tier teilgenommen hat, d. h. wenn das Ei befruchtet wurde oder der Samenfaden ein Ei befruchtet hat.

Die Vererbungssubstanz, die ein befruchtetes Ei enthält, stammt nun direkt ab von derjenigen, welche vorhanden war in den beiden befruchteten Eizellen, aus denen die Elterntiere sich entwickelt haben. Zur Verdeutlichung dessen möge das folgende Schema (Abb. 34) dienen, in welchem der Stammbaum der Zellen bei mehreren Individuen (zwei Elterntieren und einem Tochtertier) dargestellt ist: in demselben sind die direkten Vorfahren der Fortpflanzungszellen als ganz schwarze Scheiben, die nicht direkt in ihrer Entstehungslinie liegenden Zellen dagegen, die wir schon oben als Körperzellen bezeichneten, als Kreise dargestellt.

Wenn sich die Erbmasse in einer der (im Schema schwarzen) Zellen, die zu den Vorfahren der Fortpflanzungszellen gehören, in irgendwelcher Weise ändert, die Anlagen also etwas andere werden, so wird die veränderte Substanz auf die Nachkommen der betreffenden Zelle verteilt, also werden auch die Fortpflanzungszellen derartig veränderte Vererbungssubstanz erhalten; wenn aber in einer der Körperzellen (im Schema hell) die Erbmasse abändert, so kann das keinen Einfluß auf die Fortpflanzungszellen haben, da ja von keiner der Körperzellen eine Fortpflanzungszelle abstammt, also auch die veränderte Vererbungssubstanz von dort nicht auf eine solche übertragen werden kann. Die Körperzellen bilden also gleichsam nur die Hülle für die Fortpflanzungszellen, die diese ernährt und schützt, bis sie reif sind für die weitere Entwicklung, d. h. für den Beginn eines neuen Tieres. Zwischen den Fortpflanzungszellen der Vorfahren aber und denjenigen der Nachkommen ist ein unmittelbarer Zusammenhang und somit auch zwischen der Erbmasse in ihnen.

Da nun alle Anlagen, die ein neues Tier erhält, aus dem elterlichen Ei und dem Samenfaden, die sich zum befruchteten Ei vereinigten, herstammen, so können von den Elterntieren auf das Junge nur solche Eigenschaften vererbt werden, welche schon wenigstens einem der Elterntiere angeboren waren, d. h. deren Anlagen schon in einem der beiden befruchteten Eier enthalten waren, aus denen die Elterntiere sich ent=

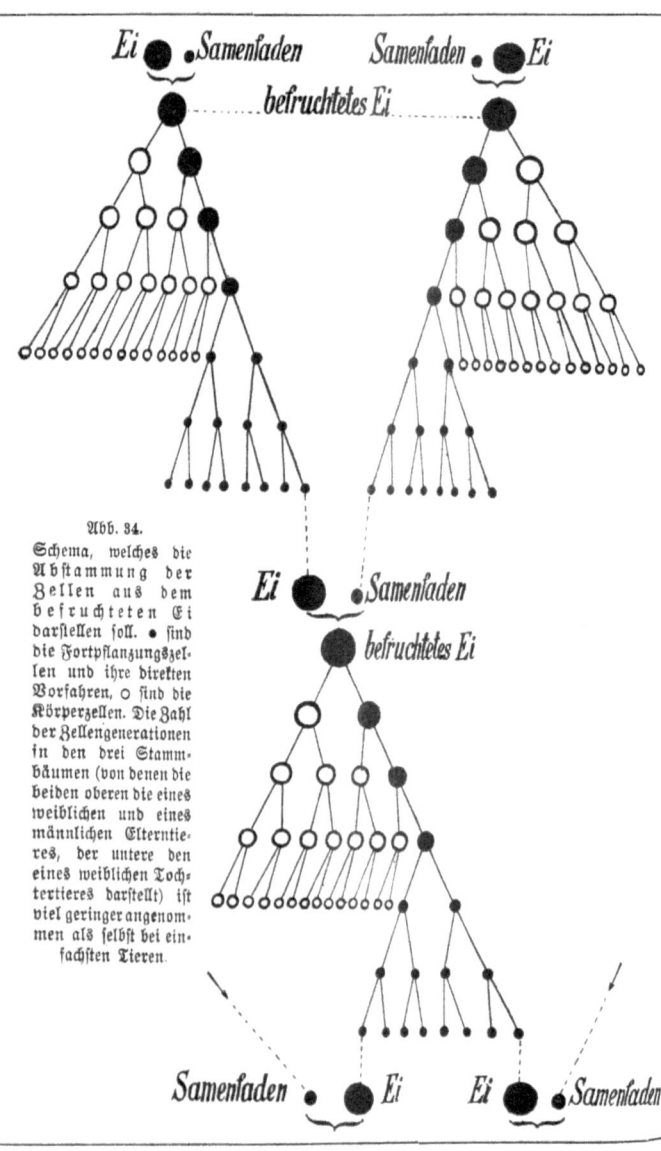

Abb. 34. Schema, welches die Abstammung der Zellen aus dem befruchteten Ei darstellen soll. ● sind die Fortpflanzungszellen und ihre direkten Vorfahren, ○ sind die Körperzellen. Die Zahl der Zellengenerationen in den drei Stammbäumen (von denen die beiden oberen die eines weiblichen und eines männlichen Elterntieres, der untere den eines weiblichen Tochtertieres darstellt) ist viel geringer angenommen als selbst bei einfachsten Tieren.

wickelten. Wenn die Körperzellen eines Tieres sich während seines Lebens infolge irgendwelcher Einflüsse anders verhalten, als es bei den Vorfahren geschah, wenn etwa die Muskelzellen eines Organes infolge stärkeren Gebrauchs sich verdicken, oder wenn die Haut von der Sonne gebräunt wird, so erwirbt das Tier damit eine neue Eigenschaft. Solche neuerworbene Eigenschaften sind aber an die Körperzellen gebunden; in der Erbmasse des Tieres waren die Anlagen dazu von Anfang nicht vorhanden, also sind sie es auch nicht in seinen Fortpflanzungszellen, und somit können diese Eigenschaften nicht auf die Nachkommen des Tieres übertragen werden.

Ein deutliches Beispiel für solche, erst während des einzelnen Lebens erworbene Eigenschaften (im Gegensatz zu angeborenen) sind die Folgen von Verletzungen. Es wird zwar vielfach berichtet über das Vererben von Narben, von verunstalteten Fingern, von geschlitzten Ohrläppchen und dergleichen; man hat z. B. behauptet, daß junge Katzen, bei deren Mutter der Schwanz abgequetscht war, mit Stummelschwänzen geboren seien. Der sachlichen Kritik konnte keiner dieser Fälle standhalten, die immer wieder, wie das Ammenmärchen vom Versehen der schwangeren Frau und dessen Folgen für das Kind, erzählt und geglaubt werden. Bei keinem der angestellten Versuche jedoch konnte eine Vererbung solcher Eigenschaften nachgewiesen werden. Wie vielen Hunden werden doch die Schwänze und Ohren gestutzt; aber jedesmal muß bei ihren Jungen die Operation wieder vorgenommen werden. Ein überzeugendes Beispiel kennen wir in der Beschneidung der Juden, einer Verletzung, die nun schon 6000 Jahre und vielleicht länger stets wiederholt wird, ohne daß durch Vererbung eine körperliche Veränderung der Nachkommen entstanden wäre.

Auf der anderen Seite muß hervorgehoben werden, daß auch die Vererbungssubstanz wie jede andere lebendige Substanz, veränderlich sein muß. Wie diese durch allerlei Ursachen beeinflußt und zum Abändern veranlaßt wird, so auch jene. Vor allem ist dabei eines beachtenswert: durch jede Teilung einer vom befruchteten Ei stammenden Zelle wird die in ihr vorhandene Erbmasse halbiert und würde bald durch die vielen aufeinanderfolgenden Teilungen zu einer verschwindend geringen Masse werden, wenn sie nicht fortwährend wüchse; dies geschieht auf Kosten von Nährstoffen, die sie aufnimmt, und, wie man sagt, assimiliert, sich anähnlicht. Gerade auf diese Assimilation können vielleicht allerhand Bedingungen von Einfluß sein, so daß es zu Abweichungen kommt, welche die Beschaffenheit der Erbmasse, wenn auch nur wenig, verschieden und somit auch von Wirkung sind auf das Produkt der Entwicklung, dem die betreffende Fortpflanzungszelle zugrunde liegt und dem ihre Erbmasse die Richtung gibt.

Wir haben also, wenn wir im folgenden die Ursachen der Veränderlichkeit betrachten, die wir erfahrungsgemäß feststellen können, uns stets die Frage vorzulegen, ob diese Ursachen auch auf die Erbmasse in den Fortpflanzungszellen wirken können, in welcher Weise und in welchem Umfange — die Antworten freilich werden oft unbestimmt ausfallen.

Von den Ursachen der Veränderungen lebender Wesen.

Wir unterscheiden äußere und innere Ursachen, durch die an Lebewesen Veränderungen hervorgerufen werden.

Ein äußerer Einfluß von großer Wirkung auf die Lebewesen ist zunächst das Klima; es ist ein Komplex von verschiedenen Erscheinungen, wie Temperatur, Regenmenge, Sonnenbestrahlung, Luftfeuchtigkeit u. a., und es ist schwer zu entscheiden, wieviel von den Wirkungen, die wir beobachten, jedem einzelnen Bestandteil zuzuschreiben ist. Werden z. B. Pflanzensamen, die aus der Ebene stammen, im Gebirge ausgesät, so bekommen die Pflanzen, welche aus ihnen hervorgehen, vielfach ein recht verschiedenes Aussehen gegenüber der Mutterpflanze, von welcher der Same stammt: die Stengel sind kürzer, die Blätter kleiner und dunkler grün, die Blüten weniger zahlreich und kleiner, aber intensiver gefärbt. Wenn man die Samen aber, die sich an ihnen ausbilden, wieder in der Ebene aussät, so nehmen die aus denselben hervorgehenden Pflanzen sofort wieder dieselbe Gestalt und Farbe an wie ihre Artangehörigen an diesem Standort. Die durch den Wechsel des Klimas bedingten Veränderungen erhalten sich hier demnach nicht in der Nachkommenschaft, sobald die bedingenden Einflüsse aufhören: die Erbmasse ist nicht verändert.

Die Haarbekleidung der Tiere wird vielfach vom Klima beeinflußt: in Angora haben nicht nur Ziegen, sondern auch Katzen und Schäferhunde feine vliesige Haare. Rassehunde, die nach Indien gebracht werden, lassen sich nicht rein weiterzüchten: so wird von einem Paar dort geborener Hühnerhunde berichtet, die ihren Eltern noch völlig glichen; aber ihre Nachkommen, obgleich erst die zweite Generation in Indien, hatten eine spitzere Nase, geringere Größe, schlankere Glieder. Ähnliche Erfahrungen wurden auch in Neuguinea mit Hunden gemacht. Die Veränderungen traten in dem erwähnten Falle nicht an den eingeführten Eltern ein; auch die erste Generation, die von diesen abstammte, wurde noch nicht betroffen, sondern erst deren Junge — das Klima scheint also hier nicht unmittelbar auf die entwickelten körperlichen Eigenschaften, sondern auf die Erbmasse in den Fortpflanzungszellen gewirkt zu haben.

Lehrreich ist es, mit jenem Beispiel die Tatsache zu vergleichen, daß sich Wachtelhündchen durch viele Generationen hindurch in Indien rein züchten lassen. Also werden verschiedene, aber doch verwandte Tierformen durch das Klima in ganz ungleicher Weise beeinflußt.

Viele Fälle sind bekannt, daß das umgebende Medium einen Einfluß auf die Lebewesen hat: die Zusammensetzung des Bodens, in dem eine Pflanze wurzelt, der Salzgehalt des Wassers, worin ein Tier lebt, wirken verändernd auf deren Gestalt ein. Wenn man die gewöhnliche Gartenkresse mit Meerwasser begießt, so bekommt sie fleischige Blätter wie viele Pflanzen, die am Meeresstrande wachsen. Ein Krebschen (Artemia salina), das in Salzseen vorkommt, zeigt je nach dem Salzgehalt des Wassers ein verschiedenes Aussehen: bei steigender Konzentration nimmt die Länge des Körpers schrittweise ab, der Hinterleib wird verhältnismäßig länger, die Schwanzgabel wird kleiner und die Zahl der Borsten an ihr verringert sich: schließlich haben wir eine Form, die man früher als besondere Art (A. milhausenii) angesehen hat; dagegen lassen die im schwach salzigen Wasser vorkommenden Stücke in manchen Kennzeichen eine Annäherung an eine verwandte, im süßen Wasser lebende Krebsgattung (Branchipus) erkennen. Wenn man Teichmuscheln aus einem Teich mit Schlammboden in ein noch muschelfreies Gewässer mit Sandboden verpflanzt, so kann man beobachten, daß ihre Nachkommen eine andere Schalenform bekommen. So weichen, infolge verschiedener Einflüsse der Umgebung, auch Krebschen derselben Art aus verschiedenen Seen in der Gestalt oft bedeutend voneinander ab (Abb. 36, 5 u. 6). Es ist unwahrscheinlich, daß sich solche Umbildungen vererben; vererbt wird nur die Art, auf Veränderungen der äußeren Einflüsse zu antworten.

Für die Einwirkung der Temperatur auf die Körper der Lebewesen kennen wir eine Anzahl sehr lehrreicher Beispiele, die uns um so mehr Aufklärung bringen, als sie mehrfach der experimentellen Prüfung unterworfen worden sind. Wir haben schon früher erfahren, daß bei manchen Schmetterlingen im Jahre zwei voneinander verschiedene Generationen auftreten, eine im Frühjahr, die andere im Sommer. Bei unserm Waldnesselfalter (Vanessa levana, Abb. 1) ist die Frühjahrsform kleiner und vorherrschend braun gefärbt, die Sommerform größer und überwiegend schwarz. Die Puppe, aus der die Frühjahrsform schlüpft, überwintert, muß also ziemlich niedrige Temperaturen aushalten, die der Sommerform dagegen ist in der Natur nie der Kälte ausgesetzt. Es lag also die Vermutung nahe, daß die Temperatur es sei, wodurch die Verschiedenheit dieser Schmetterlinge veranlaßt wird. Versuche, die man daraufhin angestellt hat, haben dies bestätigt: aus den Puppen, die sich unter natürlichen Verhältnissen zur Sommerform entwickeln würden, kann man die Winterform erziehen, wenn man sie zeitweise in künstliche Kälte bringt, und umgekehrt kann man durch künstliche Wärme aus den Puppen, die zur Frühjahrsform werden müßten, unter günstigen Umständen die Sommerform erhalten. Man kann also der Natur gleichsam ins Handwerk pfuschen und mit ihren Mitteln ihre Ziele erreichen.

In ähnlicher Weise kann man von vielen anderen unserer heimischen Tagfalter durch Einwirkung von Kälte oder Wärme auf die Puppen Formen züchten, die in der Färbung von den normalen Formen der Art stark abweichen, und von denen manche jenen Formen gleichen, die in anderen Landstrichen unter entsprechenden Bedingungen vorkommen; so von unserem kleinen Fuchs (Vanessa urticae) durch Kälte die lappländische Form (var. polaris), durch Wärme dagegen die in Korsika und Sardinien fliegende var. ichnusa. Andere Zuchtformen, besonders Kälteformen, kommen nie oder nur selten in der Natur vor, weil bei den betreffenden Arten nicht die Puppen, sondern die Raupen oder die fertigen Schmetterlinge überwintern (brauner Bär, Tagpfauenauge). Bemerkenswert bei allen diesen Versuchen ist, daß nicht zu jeder Zeit des Puppenstadiums die Einwirkung von Kälte zu dem gewünschten Erfolge führt, sondern nur dann, wenn die Puppen noch auf genügend frühen Stufen der Entwicklung stehen, also etwa zwölf Stunden nach der Verpuppung; schon bei Puppen, die erst am dritten oder vierten Tage der Verpuppung der Kälte ausgesetzt werden, ist der Erfolg ein geringer. Es genügt dann, die Puppen sechs bis acht Tage in der Kälte (zeitweise bis 3° unter 0) zu belassen. Die Veränderungen des von der Puppenhülle umschlossenen Weichkörpers sind nun ganz allmähliche: es wandelt sich die Raupe Schritt für Schritt zum Schmetterling um. In den ersten Tagen nach der Verpuppung sind daher die Flügel des zukünftigen Falters nur als Knospen vorhanden und von einer Färbung derselben kann noch nicht die Rede sein; da die Kälte hemmend auf die Entwicklung einwirkt, verharren sie auch länger in diesem frühesten Zustand als bei höherer Temperatur. In den Flügelknospen sind jetzt die Anlagen der

Abb. 35. Feuervogel (Polyommatus phlaeas).

Erbmasse, welche die Entwicklung der Flügel „leiten", erst im Beginn ihrer Entfaltung. Die Umfärbung geschieht also nicht durch direkte Einwirkung der Kälte auf die Farben selbst, sondern auf die Erbmasse der Zellen, aus denen später die gefärbten Zellen sich entwickeln. Die Wirkung der Kälte durchdringt aber die ganze Puppe und muß also auch bis zu den in ihr liegenden Fortpflanzungszellen vordringen. Wenn sie nun die noch unentfalteten Anlagen in der Erbmasse der Flügelknospen beeinflussen kann, so dürfen wir annehmen, daß sie auch die Anlagen in den Fortpflanzungszellen umzuwandeln vermag — nur vielleicht langsamer und weniger wirksam, da sich diese ja in einem anderen Zustande der Entwicklung befinden.

Wir können nun in der Tat bei einem Falterchen erkennen, daß die Einwirkung der Temperatur erbliche Veränderungen hervorgerufen hat. Ein kleiner, mit den Bläulingen verwandter, rotgoldig gefärbter Schmetterling, der Feuervogel (Polyommatus phlaeas, Abb. 35), kommt in Deutschland in zwei gleichen Generationen vor, an der Riviera in zwei verschiedenen Generationen, von denen eine, die Frühjahrsform, der deutschen gleicht, die Sommerform aber sehr dunkel bestäubte Flügel hat und eine besondere Abart (var. eleus) bildet; in Mittel- und Süditalien treten wieder zwei gleiche Generationen auf, welche beide zur Abart eleus gehören. Durch Einwirkung von Wärme auf die Puppen unserer deutschen Form kann man diese Abart künstlich züchten. Doch gab eine Brut Feuervögel aus Neapel, die schon als Eier nach Deutschland gesandt und hier bei gewöhnlicher Zimmertemperatur aufgezogen wurden, im allgemeinen viel dunklere Stücke, als eine Brut deutscher Schmetterlinge unter gleichen Verhältnissen getan haben würde, ja viel zahlreichere dunkle Stücke (22% gegen 8%), als eine Brut norddeutscher Feuervögel selbst dann ergab, als ihre Puppen andauernd

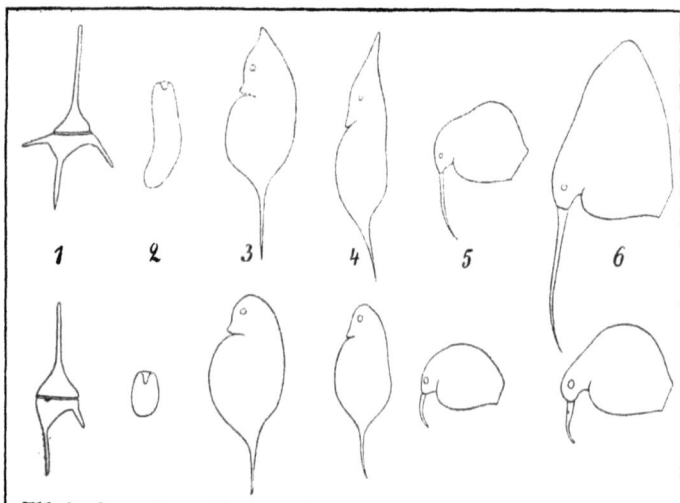

Abb. 36. Sommerformen (oben) und Winterformen (unten): 1) eines **Geißeltierchens** (Ceratium), 2) eines **Rädertierchens** (Asplanchna), 3—6) von **Wasserflöhen** (Daphnia hyalina, D. cucullata, Bosmina coregoni aus zwei verschiedenen Seen).

einer hohen Temperatur im Brutofen ausgesetzt wurden. Die neapolitanische Brut hatte also eine größere erbliche Neigung zur Schwarzfärbung, und da die Schwarzfärbung hier durch Wärme hervorgerufen wird, hatte die Wärme wahrscheinlich schon auf die Anlagen in der Erbmasse der Eier eingewirkt.

Die Einwirkung der Temperatur zeigt sich auch sehr auffällig an manchen Süßwasserbewohnern, die im Laufe des Jahres in zahlreichen Generationen auftreten, Geißeltierchen, Rädertierchen und vor allem an kleinen Krebschen, den Wasserflöhen (Daphnia, Bosmina). In den Sommermonaten zeigen diese eine ganz andere Form als im Winter (Abb. 36), und während der Zwischenzeiten durchlaufen die Generationen alle Übergänge zwischen den äußersten Abweichungen. Früher hat man diese verschiedenen Formen als besondere Arten beschrieben, bis man erkannte, daß ihrer viele zum gleichen Entwicklungskreis gehören: mehr als hundert Daphnia=Formen konnte man so zu zwei Arten zusammenfassen. Die Temperatur ist jedoch hier nur mittelbar beteiligt, indem sie die Ernährungsbedingungen beeinflußt: bei höherer Temperatur entwickelt sich reichliche Nahrung, und damit ent=

stehen die Wärmeformen, die man auch in kaltem Wasser durch reiche Fütterung züchten kann, und umgekehrt. Erbliche Veränderungen der Art ergeben sich damit nicht, sondern veränderte Bedingungen haben, mindestens in der zweiten Generation, eine veränderte Form zur Folge.

Das führt uns zur Betrachtung des Einflusses, den die Nahrung besitzt. Von der Nahrung weiß man, daß sie einen großen Einfluß auf die Gestalt der Tiere hat: Nahrungsmangel bewirkt Kümmerformen von geringer Größe, reichliche Ernährung dagegen, wie bei Haustieren, hat Größenzunahme und frühe Reife zur Folge. Die Farbe vieler Vögel kann man durch geeignetes Futter verändern: Kanarienvögel werden durch Fütterung mit Cayenne=Pfeffer rot, Dompfaffen durch Hanfsamen schwarz, und bei einem brasilianischen Papageien (Chrysotis festiva) geht das Grün des Gefieders in Rot über, wenn man ihm das Fett gewisser welsartiger Fische zu fressen gibt. Auch durch Einwirkung von Glyzerin oder von Anilinfarben kann man bei vielen Vögeln ähnliche Erfolge erzielen. Es scheint hier eine direkte Beeinflussung der Farben des Gefieders durch bestimmte chemische Stoffe vorzuliegen, und es ist an eine Vererbbarkeit wohl kaum zu denken. Wohl aber ist es einleuchtend, daß durch solche Einflüsse, wenn sie beständig sind, neue Farbenvarietäten entstehen können und sich so lange erhalten, als diese Einflüsse dauern; das ist aber keine Vererbung, sondern stets neue Beeinflussung.

Überhaupt ist es für die Bildung neuer Arten nicht unumgänglich notwendig, daß die durch äußere Einwirkungen hervorgerufenen Veränderungen wirklich vererbt werden; nur die Fähigkeit des Tieres, auf den Reiz in bestimmter Weise zu antworten, muß vererbt werden — dann dauert das neue Aussehen an, solange jene Einflüsse andauern, durch welche die Veränderungen bedingt sind. Kommt z. B. eine Tierform auf einer abgeschlossenen Insel unter neue Verhältnisse des Klimas, der Nahrung, des Untergrundes, wodurch sie verändert wird, so müssen ja auch ihre Jungen jedesmal wieder den gleichen Bedingungen ausgesetzt und in gleicher Weise abgeändert werden.

Von inneren Bedingungen des Abänderns verlangt vor allem der Einfluß, welchen Gebrauch und Nichtgebrauch der Organe auf deren Form ausübt, eine eingehendere Betrachtung. Durch Gebrauch und Übung werden im Leben des Einzeltieres Organe verstärkt und vergrößert, Nichtgebrauch führt zur Verkümmerung. Die starken

Arme der Schmiede, die dicken Waden der Radler sind Zeugnisse für die Wirkung des Gebrauchs; wenn aber ein gebrochener Arm längere Zeit in einem Gipsverbande lag, so ist die Abnahme der Armmuskeln deutlich wahrnehmbar. Wenn sich derartige erworbene Eigenschaften vererbten, so wäre gar vieles in der Artbildung leicht zu erklären: dann wäre der Hirsch schnell, weil seine Vorfahren ihre Beine wacker brauchten, die Vordergliedmaße des Walfisches wäre zum Ruder geworden, weil er damit ruderte, der Hals und die Vorderbeine der Giraffen wären lang, weil sich diese Tiere durch viele Generationen zur Erreichung der Blätter hoher Bäume gestreckt hätten — dann könnte man geradezu von aktiver Anpassung reden; die höheren Lebewesen wären Selbstvervollkommnungsmaschinen, und es könnte uns nur wundernehmen, daß die Anpassungen nicht noch vollkommener wären.

Wie solche Veränderungen im einzelnen Leben vor sich gehen, wie z. B. der Arm des Schmiedes dick wird, dafür können wir etwa folgende Erklärung geben: die Arbeit läßt eine Menge von Stoffwechselprodukten im Muskel entstehen, die ihrerseits als Reiz wirken und einen vermehrten Blutzufluß verursachen. Das Blut nimmt jene Stoffe auf, bringt aber zugleich eine Menge von Nährstoffen mit, und zwar bei langer Dauer des vermehrten Zuflusses mehr, als verbraucht wurden: daher das Wachstum der Muskelfasern und die Stärkung des Armes. Doch das reicht für die Erklärung nicht aus. Wenn nur die Fülle der Nahrung für das Wachstum maßgebend wäre, müßte ja der Darm, der die Nahrung aus erster Hand bekommt, am allermeisten wachsen. Nahrungsaufnahme ist nicht passiv, sie ist eine aktive Leistung der Organe, und daß gerade jene Teile, die am stärksten gebraucht werden, zugleich auch am lebhaftesten wachsen, läßt sich nur so erklären, daß für sie der Reiz, den die Tätigkeit auf sie ausübt, der funktionelle Reiz, gleichzeitig ein trophischer Reiz, ein Anreiz zur Nahrungsaufnahme ist. Das ist eine weitverbreitete „zweckmäßige" Eigenschaft der lebenden Substanz, deren Entstehung man sich so denkt, daß bei dem Wettbewerb der funktionierenden Einzelteilchen innerhalb der lebenden Substanz um die Nahrung diejenigen im Vorteil waren, die bei gleicher sonstiger Leistung die Nahrung gieriger an sich reißen und besser verwerten als andere, also bei Nahrungsmangel allein überleben. Wie sich aber durch diese Ernährungssteigerung bei gesteigerter Tätigkeit eine Beeinflussung der Fortpflanzungszellen ergeben soll,

Einwirkung von Gebrauch und Nichtgebrauch 103

das ist nicht einzusehen: bei der früher dargelegten Unabhängigkeit der Fortpflanzungszellen von den Körperzellen ist eine solche Möglichkeit sehr wenig wahrscheinlich.

Man wird vielleicht einwenden wollen, daß z. B. die Schnelligkeit der englischen Rennpferde in hohem Maße vererbt werden könne: so erzeugte ein Hengst „King Herod" („König Herodes"), der selbst über vier Millionen Mark an Preisen gewann, nicht weniger als 497 siegreiche Renner, und ein anderer, „Eclipse", hatte 334 Sieger als Nachkommen. Aber die Schnelligkeit wird nicht etwa durch Übung erlangt! Zwar muß auch ein geborenes Rennpferd geübt und trainiert werden; aber ein Pferd, das nicht von vornherein durch seinen Bau zum Renner geeignet ist, wie etwa ein belgisches Lastpferd, wird man auch durch vieles Herumjagen nicht zu einem leistungsfähigen Rennpferd erziehen können. Die Tatsache aber, daß trotz fortgesetzten Trainings durch viele Generationen seither kein englisches Vollblutpferd wieder solche Leistungen aufzuweisen hatte wie Eclipse vor 150 Jahren, spricht laut gegen die Annahme, daß der Erfolg der Übung vererbt wird.

Daß Organe, die von einem Tier nicht gebraucht werden, ohne Schaden für das Tier der Rückbildung verfallen können, und daß solche Rückbildung vererbt wird, dafür gibt es Beispiele genug; es sei nur an die Rückbildung der Flügel bei Spannerweibchen (vgl. oben S. 20 u. Abb. 8) erinnert. Damit ist aber nicht bewiesen, daß der Nichtgebrauch die Ursache dieser Rückbildung ist.

Abb. 37.
Grottenolm.

Wurde doch neuerdings die überraschende Tatsache entdeckt, daß bei dem Grottenolm (Proteus anguineus Abb. 37), einem in den Gewässern der Karsthöhlen lebenden Höhlenmolch, die während ungezählter Generationen in ihrer Ausbildung gehemmten, verkümmerten Augen bei Aufzucht der Brut im roten Licht sich wieder zu normalen Bildungen entwickeln! Das ist ein staunenswertes Zeugnis dafür, daß hier die Anlagen in der Erbmasse durch viele Jahrtausende währenden Nichtgebrauch keine Beeinträchtigung erlitten haben.

Das Auftreten vieler Eigenschaften, von denen man geneigt ist anzunehmen, sie seien von den Vorfahren durch Gebrauch erworben und kehrten bei den Nachkommen durch Vererbung wieder, gestattet oft eine ganz andere Erklärung: nämlich die, daß bei den Nachkommen die gleichen Ursachen direkt auf die Körperzellen wirken wie bei den Vorfahren. Wenn das Schmiedehandwerk erblich vom Vater auf die Söhne übergeht, werden auch die Söhne immer wieder starke Arme bekommen, wie sie der Vater hatte, ohne sie zu ererben. Bei den Raubtieren finden wir am Schädel starke Knochenleisten, die dem Ansatz der Muskeln dienen; sie sind um so größer, je stärker die ansetzenden Muskeln zu wirken haben, und man hört oft die Auffassung, daß sie durch den Reiz entstehen, den der Muskelzug hier auf die Knochenhaut ausübt; aber bei den jungen Tieren sind sie noch nicht vorhanden: sie entstehen erst, wenn jene Muskeln gebraucht werden, können also ebenso wie bei den Eltern auf den Reiz des Muskelzugs zurückgeführt werden. Auf der anderen Seite aber ist wohl die Frage berechtigt: was war früher da, die Eigenschaft, von der man annimmt, sie sei durch die Tätigkeit der Teile ausgebildet und welche diese Tätigkeit erst in solchem Umfange ermöglicht, oder die Tätigkeit, die diese Umbildungen bewirkt haben soll?, oder in unserem Beispiel: wurde ein junger Mensch Schmied, weil er von vornherein starke Arme hatte? — dann kann er diese angeborene Eigenschaft auch vererben —, oder bekam er die starken Arme erst, weil er Schmied wurde? — dann wird eine solche erworbene Eigenschaft nicht vererbt werden können.

Umbildungen des Tierkörpers müssen aber immer dann eintreten, wenn die Erbmasse in den Fortpflanzungszellen der Elterntiere aus irgendeinem Grunde variiert. Es können solche Variationen auf Einflüsse zurückgehen, die auf die Körperzellen gar nicht einzuwirken vermögen. Oft treten ganz sonderbare Eigentümlichkeiten ganz plötzlich bei einem unter vielen Millionen von Tieren einer Art auf und vererben sich durch mehrere Generationen auf die Nachkommen: man hat Beispiele, daß ein weißer Haarbüschel im Kopfhaar an einer ganz bestimmten Stelle vom Vater auf eine Anzahl seiner Kinder und Enkel übergegangen ist; oder vom „Stachelschweinmenschen" Lambert, dessen Haut dick mit schwieligen Vorsprüngen bedeckt war, die sich periodisch erneuerten, vererbte sich diese Beschaffenheit durch vier Generationen auf die männlichen Nachkommen, und zwar trat sie bei allen etwa zu gleicher Zeit, etwa acht Wochen nach der Geburt auf. In beiden Fällen steht aber nichts der Annahme im Wege, daß schon beim ersten Auftreten diese Eigenschaften angeboren waren, d. h. auf einer besonderen Beschaffenheit der Vererbungssubstanz im befruchteten Ei

Veränderungen der Erbmasse 105

beruhten. Ganz offenbar beruhen auf solchen Veränderungen der Vererbungssubstanz jene Abänderungen, die in einer Generationenfolge wiederholt auftreten, aber bei Stücken, die sie selbst nicht weitervererben können, weil sie unfruchtbar sind. Gefüllte Levkojen z. B. bringen keine Samen; von den Mutterpflanzen aber, aus deren Samen sie entstehen, stammen gleichzeitig ungefüllte, samentragende Pflanzen, die wieder dazu neigen, unter ihren Nachkommen einen bestimmten, in verschiedenen Zuchten wechselnden Bruchteil gefüllt-blütiger Pflanzen zu haben. Die Eigentümlichkeit des Gefülltseins muß also auf gewissen Veränderungen der Keimsubstanz beruhen. Auch die oben (S. 86) besprochenen sprungweisen Veränderungen, die Mutationen, scheinen so begründet zu sein. Welcher Art solche Besonderheiten der Vererbungssubstanz sein mögen, darin sind wir ganz ohne Erfahrung: der feinere Aufbau derselben ist einstweilen nur unseren Vermutungen, nicht aber unserer direkten Beobachtung zugänglich. Wir kennen aber eine Anzahl von Zusammenhängen, die auf die Entstehung von Abänderungen noch einiges Licht werfen.

Alle Teile des Tierkörpers bilden zusammen einen einheitlichen Organismus: ihr Wirken ist ein einträchtiges, zusammenhängendes, sie hängen voneinander ab und bedingen sich gegenseitig. Damit, daß die Vorder-

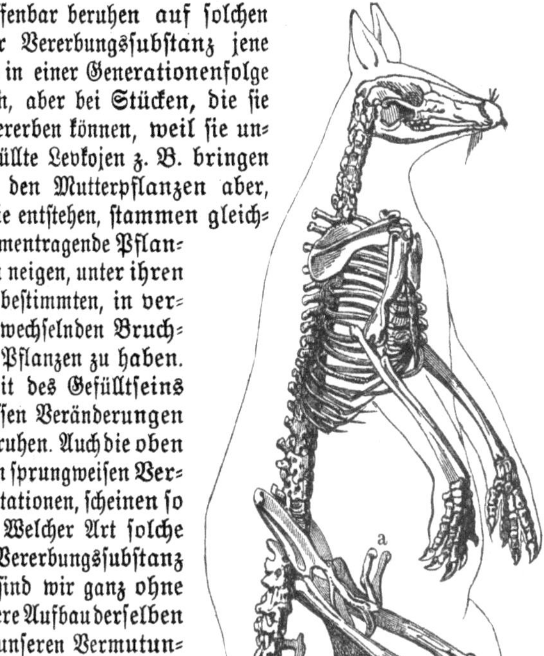

Abb. 38.
Skelett eines weiblichen Känguruhs, in den Umriß gezeichnet.
a Beutelknochen.

Abb. 39. Skelett des Frosches.

gliedmaßen des Vogels zu Flugwerkzeugen umgebildet sind, hängen noch viele andere Eigentümlichkeiten des Vogelkörpers zusammen: die Hintergliedmaßen allein tragen jetzt den Leib bei der Bewegung auf dem Boden; daher eine Festigung ihrer Einlenkungsstelle durch Verwachsen der Kreuzwirbel untereinander und mit dem Becken; der Schnabel ist gleichsam zu einer Greifhand geworden, und um deren Verwendbarkeit zu erhöhen, ist der Hals sehr beweglich, die Zahl seiner Wirbel vermehrt; wo die Beine lang sind, wie beim Storch, beim Strauß, beim Schlangenadler, muß dann auch der Hals lang sein, damit der Schnabel den Boden erreichen kann. Die Abänderung eines Teiles wird also diejenige anderer Teile nach sich ziehen. Wir sagen, die Organe des Tierkörpers stehen in Beziehung, in Korrelation, und ein gleichzeitiges, zusammenhängendes Abändern mehrerer Teile nennt man ein korrelatives.

In einem besonderen Fall solcher korrelativer Abänderungen glauben wir eine tiefere Einsicht in die inneren Ursachen zu haben. Bei hüpfenden und auf zwei Beinen laufenden Tieren aus sehr verschiedenen Gruppen finden wir, daß die hinteren Gliedmaßen außerordentlich kräftig und groß geworden sind, während die vorderen rückgebildet wurden: wir brauchen nur die Känguruhs (Abb. 38) zu betrachten, oder die zu einer ganz anderen Gruppe gehörenden Springmäuse, oder den Vogel Strauß, oder den Frosch (Abb. 39). Andererseits geht eine Verlängerung der Wirbelsäule mit einer Verkürzung der Gliedmaßen Hand in Hand und umgekehrt: man vergleiche den Salamander mit dem Frosch oder die Schlange mit der Eidechse. Oder Affen mit langen Schwänzen, wie Meerkatzen, haben verhältnismäßig kürzere Gliedmaßen als die schwanzlosen oder kurzgeschwänzten Affen, wie Menschenaffen und Paviane. Bei Hühnern mit großer Federhaube ist der Kamm sehr verringert oder fehlt ganz, bei großem Federbart fehlen die Lappen oder sind klein. Man möchte annehmen, daß dem Körper nur eine gewisse Menge von Baustoffen zur Verfügung steht, ein Etat, mit dem er auskommen muß; wenn also eine Abänderung zu einem Mehrverbrauch auf einer Seite führt, so muß auf der anderen gespart werden.

Solche Überlegungen werfen vielleicht auch ein wenig Licht auf die Rückbildung von Organen, die nicht mehr gebraucht werden; wir dürfen das vielleicht auffassen als Folge eines Wettbewerbs, der den nichtbenutzten Organen erwächst von seiten anderer, in Zunahme begriffener Teile, die sich aus ähnlichen Stoffen aufbauen: bei unterirdisch lebenden Tieren, z. B. dem Höhlenflohkrebs und dem Maulwurf, finden wir Riech- und Tastorgane im allgemeinen viel stärker ausgebildet als bei ihren am Lichte lebenden Verwandten — das wird dem Tier beim Nahrungserwerb und bei dem Erkennen des Feindes von Vorteil sein; Sehorgane jedoch sind solchen Tieren, die im ewigen Dunkel leben, entbehrlich: der Mehraufwand von Nervenstoff, wenn man so sagen darf, für die Riech- und Tastorgane kann auf Kosten der Augen gehen, ohne daß dem Tier ein Schaden erwächst. Die Rückbildung der Augen wäre also nicht als eine Wirkung des Nichtgebrauchs aufzufassen, sondern als Folge der kompensatorischen Vergrößerung anderer Sinnesorgane, durch welche dem Tier ein Vorteil erwächst.

Wir dürfen sicher annehmen, daß derartige Ausgleichungen auch in der Vererbungssubstanz der Fortpflanzungszellen vor sich gehen. Es ist durchaus denkbar, daß gerade in den beiden angeführten Beispielen die Anlagen in den Fortpflanzungszellen in entsprechender Weise eine Kompensation erfahren, wie die Organe des Körpers. Wenn das geschieht, so müssen solche kompensatorische Abänderungen erblich sein.

Andere Korrelationen sind für uns weit weniger begreiflich. Sehr verbreitet finden wir die Erscheinung, daß die männlichen Tiere sich von den zugehörigen Weibchen durch eine Anzahl von Merkmalen auszeichnen: bei den Vögeln durch Farbenpracht des Gefieders, bei den Hirschen durch das Geweih, bei den Löwen durch die Mähne. Diese Eigenschaften der Männchen sind durchaus abhängig von der Anwesenheit der Geschlechtsdrüsen: werden diese durch einen Unglücksfall oder einen Eingriff entfernt, so bilden sich auch jene Merkmale nicht aus: der Kapaun hat weder die bunten Farben noch die staatlichen Schwanzfedern noch die Stimme des Hahnes; bei einem Hirsch, der durch einen Schuß der Hoden beraubt wurde, bildet sich das Geweih im nächsten Jahre nicht mehr aus; ist die Verletzung einseitig, so entspricht dem ein einseitiger Mangel des Geweihs. Menschliche Kastraten sind durch hohe Stimme und Bartlosigkeit weiberähnlich. Wir wissen jetzt, daß diese Bildungen hervorgerufen werden durch bestimmte Stoffe, die in den Geschlechtsdrüsen gebildet und durch den Blutkreislauf im Körper verbreitet werden. Beraubt man ein Froschmännchen der Hoden, so bildet es im nächsten Frühjahr die schwielenartige Verdickung des Daumens, die seinen Griff beim Umfassen des Weibchens fester macht, nicht aus; heilt man aber einem so operierten Frosch die Hoden in den Lymphsack des Rückens ein, so treten die Daumenschwielen im Frühjahr auf.

Noch mehr erstaunen wir über andere Korrelationen, bei denen sich der innere Zusammenhang unseren Vermutungen völlig entzieht. So sind Katzen mit schwarz, gelb und weiß geflecktem Pelz stets Weibchen, oder noch merkwürdiger: männliche Hunde und Katzen mit weißem Fell und blauen Augen sind meistens taub. In Virginia (Nordamerika) trifft man auf weiten Strecken nur schwarze Schweine, weil die weißen den Genuß einer Farbwurzel, welche sie dort auf ihren Weideplätzen aus dem Boden wühlen, nicht vertragen können und daran zugrunde gehen, während die schwarzen nicht dadurch geschädigt werden — zugleich ein hübsches Beispiel für die ausschaltende Wirkung der natürlichen Zuchtwahl. Was aber kann die Färbung für einen Zusammenhang haben mit dem Geschlecht, oder mit dem Hörorgan, oder mit der Immunität gegen schädliche Stoffe? Wahrscheinlich werden beide durch eine gemeinsame Ursache bedingt; in welcher Weise aber, das ist uns noch verborgen. Wie sonderbar ist es ferner, daß kurzschnäblige Tauben stets kleine, langschnäblige stets große Füße haben! Die Tatsachen stehen fest, und noch viele ähnliche ließen sich herzählen — aber Erklärungen haben wir nicht dafür.

So vielseitig die Variationen nun auch sind, und in so seltsamer Weise sie zusammenhängen, so müssen doch immerhin bestimmte Grenzen bestehen für die Möglichkeit zu variieren, Grenzen, die für die verschiedenen Arten der Lebewesen verschieden sind: die einen sind geneigter zu Abänderungen, z. B. manche Pflanzengattungen wie Brombeeren (Rubus) und Habichtskräuter (Hieracium), ihre Erbmasse ist leichter allerhand Einflüssen zugänglich; dagegen sind andere außerordentlich beständig, wie Lingula (Abb. 30), die sich seit dem Altertum der Erde nahezu unverändert bis jetzt erhalten hat. So kann es auch kommen, daß an einer Tierart eine Einwirkung spurlos vorübergeht, während andere, verwandte davon verändert werden: die meisten europäischen Hunderassen entarten, wie wir schon erfuhren, schnell unter dem Einfluß des indischen Klimas, während Wachtelhündchen sich dort durch viele Generationen rein züchten lassen. — Die besondere Konstitution der Vererbungssubstanz bewirkt ferner, daß nicht jede beliebige Veränderung auftreten kann, sondern es sind Schranken vorhanden: „man kann nicht Trauben lesen von den Dornen und Feigen von den Disteln." So ist z. B. bei den Säugern die Zahl der Halswirbel nicht veränderlich, und bei langem wie bei kurzem Hals, bei der Giraffe wie beim Walfisch, finden wir die gleiche Siebenzahl der Wirbel. Die Ausnahme bei den Faultieren, wo wir acht und selbst neun Halswirbel finden, erklärt sich damit, daß hier die beiden ersten Brustwirbel mit in den Hals einbezogen sind.

Mit solcher beschränkter Abänderungsfähigkeit der Erbmasse mag auch eine merkwürdige Erscheinung beim Abändern der Tiere zusammenhängen, die wir vielfach beobachten: das ist das Einhalten der gleichen Variationsrichtung während langer Zeiten der Stammesentwicklung, so daß wir bestimmte Entwicklungsrichtungen auftreten sehen. Ein Beispiel dafür bietet uns die Ausbildung der Hirschgeweihe: wir können in der Stammesgeschichte der Hirsche ein fortwährendes Wachstum und eine Zunahme der Endenzahl der Geweihe verfolgen, ein Vorgang, der in der Pliozänzeit zu ganz ungeheuerlichen Geweihbildungen führte (Abb. 18e). Daß die Zunahme der Endenzahl anfangs von Vorteil war und durch die natürliche Zuchtwahl erhalten wurde, ist einleuchtend: zum Kampfe unter gegenseitigem Stemmen und Stoßen ist ein Gabelgeweih viel geeigneter als ein Spießgeweih, der Augensproß der Gabel bietet einen Stützpunkt und dient zugleich als Parierstange; auch dreiendige Stangen mögen noch weitere Vorteile geboten haben. Indem nun die natürliche Zuchtwahl die Stücke mit Gabelgeweihen als die passenderen erhielt, wurde auch die Neigung, nach dieser Richtung hin abzuändern, also noch mehr Enden anzusetzen, ebenfalls erhalten, und es ging die Entwicklung nach dieser Seite hin zu immer komplizierteren Geweihbildungen fort. In den Fällen also, wo in der Natur der Erbmasse eine bestimmte Entwicklungsrichtung begründet liegt, kann man sagen, daß durch die natürliche Zuchtwahl gewisse Eigenschaften nicht nur erhalten, sondern sogar gesteigert seien, gesteigert nicht selten zum endlichen Nachteile für die betreffende Art. Solche monströse Geweihbildungen, wie wir sie etwa beim Riesenhirsch u. a. finden, können dem Tiere unmöglich Nutzen gewährt haben, ja sie werden ihm schädlich geworden sein durch übermäßigen Stoffverbrauch, da sie ja alljährlich erneuert wurden, durch große Belastung und Behinderung beim Laufen in dichten Wäldern und Gebüschen. — Ein anderes Beispiel für eine in bestimmter Richtung fortschreitende Entwicklung ist die Zunahme der Größe bei manchen Tiergruppen, z. B. bei den Dickhäutern, zu denen Elefant und Nashorn gehören. Eine solche Veränderung mag in ihren Anfängen wohl vorteilhaft gewesen sein; sie führte zu größerer Kraft und Schnelligkeit, zu Sicherung gegen feindliche Angriffe und gegen Witterungseinflüsse. Wenn aber ein gewisses Maß überschritten wird in der Größenzunahme, dann stellen sich Nachteile ein, die allmählich jene Vorteile überwiegen, vor allem ein sehr erhöhtes Nahrungsbedürfnis, geringe Jungenzahl und langsames Reifwerden der Jungen; die Zahl der Stücke der Art mußte damit abnehmen und so der Untergang befördert werden. So finden wir denn solche Riesen häufig auch bei anderen Tiergruppen in der Vorzeit, z. B. bei Sauriern, bei Laufvögeln (Dinornis u. a.), bei Zahnarmen (Glyptodon, S. 44), aber meist als letzte Ausläufer ihrer Stämme.

Alles in allem müssen wir sagen, daß unsere Kenntnisse über die Ursachen der Veränderungen noch gering sind, vor allem, daß wir noch sehr wenig wissen von den Variationen der Erbmasse, welche doch maßgebend dafür sind, ob eine Eigenschaft zum vererbbaren Artmerkmal wird, oder ob sie nur auf die einzelnen Tiere beschränkt bleibt, bei denen sie aufgetreten ist. Wir sind in dieser Beziehung nur auf Schlüsse und Vermutungen angewiesen. Aber das, was wir beobachten und aus den Beobachtungen erschließen können, das berechtigt uns zu der Annahme, daß vielfach in einer Art bei vielen Stücken gleiche Abänderungen eintreten. Wenn solche Abänderungen vorteilhaft sind, so kann der Kampf ums Dasein gerade die Einzeltiere, bei denen sie vorkommen, auf Kosten der minder passenden Artgenossen erhalten. Auf diese Weise können die Anpassungen der Lebewesen an ihre Lebensbedingungen erklärt werden. Darwins geniale Theorie, welche das Zweckmäßige als mit natürlicher Notwendigkeit geworden erklärt und uns damit begreiflich macht, besteht somit zu Recht, wenn auch nicht in dem Umfang, wie Darwin glaubte. Damit ist auch der gewichtigste Einwurf beseitigt, den man gegen die Abstammungslehre erheben könnte, nämlich der, daß eine Erklärung der Zweckmäßigkeit ohne Annahme eines vorsorgenden Schöpfers unmöglich sei. Was man auch noch für Fortschritte in der Erklärung der Artenentstehung machen wird, von der natürlichen Zuchtwahl wird man niemals absehen können.

Die Spaltung einer Art in mehrere als Folge von Kreuzungsverhinderung (Isolation).

Die Veränderungen, welche infolge der verschiedenen äußeren und inneren Ursachen an den Lebewesen auftreten, haben ohne Zweifel in vielen Fällen die Folge, daß eine Art sich allmählich umgestaltet und andere Eigenschaften annimmt. Aber das ist noch nicht genügend für die Anforderungen, welche wir auf Grund der Abstammungslehre an die Umbildungsfähigkeit der Arten stellen müssen. Wir nehmen ja an, daß verwandte Arten sich von einer gemeinsamen Stammart aus entwickelt haben, daß also die Stammart nicht einfach sich nach einer Richtung umgebildet, sondern daß sie sich in mehrere Äste gespalten hat, daß also die Entwicklung eine auseinandergehende, eine divergente gewesen sei. Dazu genügt aber nicht einfache Veränderlichkeit; gesetzt auch den Fall, es träten die Abänderungen wirklich in günstiger Weise so auf, daß nach einer Richtung A gleichviele Stücke abänderten wie nach einer anderen abweichenden Richtung B, so würde doch die freie Kreuzung zwischen den Formen A und B diese Unterschiede immer wieder verwischen und den Durchschnittscharakter der Art erhalten oder bei mendelnder Vererbung eine verbindende Reihe von Zwischenformen zwischen den beiden Abarten entstehen lassen. Wir müssen also fragen, ob nicht besondere Verhältnisse eintreten können, welche die freie Kreuzung verhindern und somit die Entwicklung der zwei auseinandergehenden Abänderungen zu zwei getrennten Arten ermöglichen.

Wir erinnern uns da des Verfahrens der Züchter: will ein Schafzüchter aus seiner Herde teils Mastschafe, teils Wollschafe erziehen, so sucht er auf der einen Seite die fettesten, auf der anderen die feinwolligsten Stücke heraus und sorgt dafür, daß sie sich immer nur unter sich paaren können; er sperrt sie in verschiedene Ställe, oder wenn es ihrer mehr werden, macht er zwei gesonderte Herden daraus: durch räumliche Trennung verhindert er die freie Kreuzung und erzielt eine auseinandergehende Entwicklung.

Solche räumliche Trennung sehen wir nun auch in der Natur häufig auftreten. Schon früher haben wir erörtert, das ozeanische Inseln, die weit vom Festland entfernt sind, deshalb so reich an eigentümlichen, nur dort vorkommenden, also dort ausgebildeten Arten sind, weil die nach ihnen gelangenden Lebewesen vor freier Kreuzung mit der Stamm=

art geschützt waren und auf diese Weise die neu entstehenden Abänderungen nicht verwischt wurden. Wir haben ferner schon gehört, daß früher Nordamerika mit Nordasien und Europa zusammenhing, und daß die gemeinsame Bewohnerschaft dieser riesigen Ländermasse erst seit der seither erfolgten Trennung sich in verschiedener Richtung verändert hat, so daß die nahe Verwandtschaft zwar noch auffällt, aber doch in Amerika andere Arten oder doch mindestens andere Abarten der in Nordasien und Europa lebenden Formen vorhanden sind. Und solche Beispiele könnten wir noch beliebig mehren.

Bedingung für solche auseinandergehende Entwicklung ist natürlich, daß zur Zeit der Trennung die Arten in einer Periode der Veränderlichkeit sind; dann ist mit Sicherheit zu erwarten, daß in den örtlich getrennten Gebieten die Abänderungen nach verschiedenen Richtungen gehen, da sie ja verschiedenen klimatischen Einflüssen unterliegen. Ist dagegen eine Art nicht zum Abändern geneigt, so werden auch dann Gruppen von Angehörigen derselben unverändert bleiben, wenn sie isoliert sind: so ist unser Distelfalter (Vanessa cardui) ein Weltbürger; er kommt auf allen fünf Kontinenten und auf vielen Inseln vor, und die Stücke aus Australien oder von den Hawaiischen Inseln gleichen den europäischen vollkommen in den wesentlichen Eigentümlichkeiten, obgleich sie ja unter ganz anderen Lebensbedingungen leben und an Stellen, die sehr isoliert liegen.

Es ist sogar einmal der Versuch gemacht worden, die geographische Isolierung als die notwendige und einzige Bedingung für den Zerfall einer Art in mehrere Arten hinzustellen: es sollten neue Pflanzen- und Tierarten immer nur dann entstehen können, wenn von der allgemeinen Herde der Art eine Gruppe abgesondert wurde, sei es, daß sie aktiv wanderte, sei es, daß durch geologische Veränderungen des Verbreitungsgebietes die Art in mehrere Herden getrennt wurde, durch ein neu entstehendes Gebirge, einen Meeresarm, eine Wüste. Erst später, wenn die neue Art im Laufe der Zeit gefestigt war, sollte sie unter Umständen durch Rückwanderung wieder mit der Stammart zusammenkommen können und ihre Wohnplätze teilen, ohne in ihrem Fortbestand durch die freie Kreuzung bedroht zu sein. Dergleichen mag wohl manchmal wirklich vorgekommen sein. Vielfaches Hin- und Herwandern der Tiere hat sicher stattgefunden, besonders infolge von Veränderungen in den Verhältnissen der Wohngebiete, aber auch aus anderen, uns zum Teil unbekannten Ursachen. So wissen

Geographische Sonderung

wir, daß die Haubenlerche, ursprünglich ein Bewohner der asiatischen Steppen, erst seit Anfang des 19. Jahrhunderts von Osten her sich über Deutschland verbreitet hat, und so jetzt die Wohngebiete der Feldlerche teilt, die unser Land schon lange bewohnt — so daß das gemischte Vorkommen dieser beiden verwandten Vögel bei uns erst seit kurzer Zeit besteht.

Wenn man aber bedenkt, wie häufig es vorkommt, daß nahe Verwandte die gleichen oder doch nahe benachbarte, durch keine Verbreitungsgrenze geschiedene Bezirke bewohnen, und dazu erwägt, wie viele Tiergruppen, z. B. Regenwürmer, Schnecken u. a., zu aktiver Wanderung und Rückwanderung sehr wenig geeignet sind, so erscheint es doch als eine sehr gezwungene Annahme, daß sie sich nicht in diesem Gebiet aus gemeinsamen Vorfahren entwickelt, sondern sich immer erst nachträglich zusammengefunden haben sollen: ich erinnere nur an unsere gemeinen Garten- und Hainschnecken (Helix hortensis und nemoralis), oder an unsere vier heimischen Arten von Wassermolchen (Triton), oder an das Sommer- und Wintergoldhähnchen, oder an die verschiedenen Arten von Ammern; auch die Pflanzenwelt bietet, gerade in so artenreichen Gattungen wie Brombeeren, Heckenrosen, Veilchen eine Menge von Beispielen dieser Art.

Die Isolation durch Verbreitungsgrenzen ist eben nicht die einzige Form von Kreuzungsverhinderung; räumliche Sonderung kann noch auf mannigfache Weise stattfinden. Ein Beispiel soll uns das zeigen: noch vor 80 Jahren wurde die Amsel geschildert als ein schüchterner, versteckt und einsam lebender Waldvogel, der sich nie ohne Not ins Freie begibt, selbst auf der Wanderung sehr ungern in kleine und lichte Bestände einfällt und sich fast niemals frei oder auch nur auf einen höheren Baum setzt. Für diejenigen Amseln, welche Waldvögel geblieben sind, paßt auch jetzt noch diese Schilderung vortrefflich. Aber seither hat sich das Tier mehr und mehr ausgebreitet: es ist in die Vorhölzer, Parks, Anlagen und Gärten eingedrungen, hat sich an die Nähe des Menschen gewöhnt und findet hier so zusagende Bedingungen, daß es sich reichlich vermehrt hat. Die Amsel hat dabei die Scheu der Stammart ganz abgelegt, ja sie wird fast nur vom Spatzen an Keckheit übertroffen und weiß sich dabei doch vorsichtig etwaigen Nachstellungen zu entziehen, zu denen der Mensch sich jetzt genötigt sieht, um seine Obsternte von der ersten Erdbeere bis zur letzten Traube gegen den zudringlichen Gast zu sichern; da sie auch im Winter genügend Nahrung in der Nähe menschlicher Siedlungen findet, hat sie auch den Zug in wärmere Gegenden aufgegeben: kurz, hier haben sich die Lebensgewohnheiten einer Tierart fast unter unseren Augen völlig verändert. Aber mit dieser Änderung der Instinkte ergibt sich zugleich eine wirksame Kreuzungsverhinderung. Die Waldamsel hält die Furcht vor dem unruhigen Treiben der Menschenwelt an ihren einsamen Wohnsitzen fest, die Gartenamseln dagegen bleiben in der Nähe der menschlichen Wohnungen, wo ihnen der Nahrungserwerb so erleichtert ist: sie werden sich also immer nur unter sich kreuzen. Wenn nun mit der Zeit infolge der Veränderung der äußeren Lebensbedingnngen auch Veränderungen im Bau auftreten, so werden diese nicht durch freie Kreuzung mit der Stammart verwischt, und es sind somit die Bedingungen für die Spaltung einer Art zunächst in zwei Unterarten gegeben, aus denen später vielleicht selbständige Arten werden können.

Es ist ferner bekannt, wie viele Vögel den Winter in den Tropen zubringen, im Frühjahr aber nach Norden ziehen, um hier zu brüten. Wenn früher von einer Vogelart nur ein Teil die Wanderung unternahm, ein anderer dagegen am ursprünglichen Wohnort blieb, so waren natürlich die Stücke mit dem Zuginstinkt gegen eine Kreuzung mit ihrer Stammart geschützt, da sie ja gerade während der Brutzeit von ihnen getrennt waren, und so konnte es allmählich zur Bildung zweier verschiedener Arten kommen: die eine behielt ihre seßhaften Gewohnheiten bei und damit wohl auch ihre sonstigen Eigentümlichkeiten, die andere aber wurde Zugvogel. und etwa bei ihr auftretende Veränderungen konnten sich erhalten. So kommt in Argentinien ein Art Uferschnepfe (Limosa haemosticta) in zwei Rassen vor, von denen die eine als Wintergast aus Nordamerika, die andere aus Patagonien kommt; die eine geht, wenn die andere kommt.

Auf Artbildung unter dem Schutze der Isolation läßt sich wohl auch die Tatsache zurückführen, daß die Schmarotzer, welche bei einem Tiere vorkommen, gewöhnlich auf diese betreffende Tierart angewiesen sind, bei anderen Arten aber durch Verwandte vertreten werden. So kommen vielen Arten von Haussäugetieren Läuse (Haemotopinus) zu, aber Pferd, Rind, Schwein, Hund, jedes hat seine besondere Läuseart, und die Läuse ihrerseits sind Spezialisten und kommen nur bei der einen Art oder doch nur wenigen verwandten Arten von Wirten fort. Sie sind untereinander sehr nahe verwandt, und wir müssen annehmen. daß sie von einer gemeinsamen Stammart abstammen. Es ist leicht zu begreifen, wie die Spaltung der ursprünglich auf all diesen verschiedenen Wohntieren lebenden einen Säugetierlaus in so viele Arten vor sich ging: die Bedingungen, unter denen die Parasiten hier lebten, waren verschiedene und wirkten also in verschiedener Weise auf die Umbildung derselben. Nun ist zwar häufig Gelegenheit, daß bei Tieren der gleichen Art Parasiten von einem Individuum auf das andere übertragen werden, von den Eltern auf die Jungen, von den männlichen auf die weiblichen Tiere; aber daß vom Schwein eine Laus auf das Pferd gelangen sollte, ist höchst unwahrscheinlich, und wenn das wirklich in vereinzelten Fällen geschah, so konnte doch die dabei auftretende Kreuzung die beginnenden Artmerkmale nur bei wenigen Einzeltieren beeinflussen; es ist hier also eine wirksame Isolation der Schmarotzer auf ihrem Wirtstiere vorhanden. Was für die Läuse gilt, läßt sich ebenso von den Haarlingen, den Federlingen und auch von den inneren Schmarotzern behaupten: es gibt bei jeden von ihnen fast so viele Arten, als Wirtstierarten bewohnt werden, und der Grund wird auch hier in der Isolierung, in der Verhinderung der freien Kreuzung zu suchen sein.

Bei allen bisherigen Beispielen war es eine räumliche Absonderung, welcher die Kreuzungsverhinderung zuzuschreiben ist. Wir können uns das Zustandekommen der letzteren aber auch völlig ohne räumliche Isolierung denken, nämlich dadurch, daß bei irgendeiner Tier= oder Pflanzenart eine Gruppe von Stücken später im Jahre zur Fortpflanzung schreitet als die Stammart, vielleicht infolge anderer Lebensgewohnheiten, etwa anderer Wahl der Winterschlupfwinkel, wodurch ein späteres Erwachen aus dem Winterschlaf bedingt sein kann. Diese später brünstigen Stücke können sich dann nur unter sich paaren, nicht mit den übrigen, und so wird die Anlage zu späterer Reife auf die Nachkommen vererbt. Da hiermit eine dauernde Kreuzungsverhinderung gegenüber der Stammart eingetreten ist, so können auch andere körperliche Abänderungen, die mit der ersteren Veränderung Hand in Hand gehen, bei den so veränderten Tieren sich erhalten: es spaltet sich von einer Art die zweite ab, und zwar im gleichen Wohngebiet. Ein solcher Fall liegt vielleicht vor bei den drei Froscharten, welche nebeneinander bei uns vorkommen, dem Grasfrosch, Moorfrosch und Wasserfrosch (Rana temporaria, arvalis und esculenta); bei diesen naheverwandten Tieren tritt die Paarung stets zu verschiedenen Zeiten ein: beim Gras= frosch Mitte März, beim Moorfrosch zwei bis drei Wochen, beim Wasser=

frosch sogar zwei Monate später. Da die Erzeugung von Eiern und Samen nach dieser Zeit nicht länger anhält, ist durch diese zeitlichen Unterschiede die Kreuzung erfolgreich verhindert.

Das führt uns auf die wichtigste und wohl verbreitetste Art der Kreuzungsverhinderung: nichts kann wirksamer eine Abteilung von der Gesamtmasse der Stammart abtrennen als eine Abänderung in dem Fortpflanzungssystem derart, daß die so veränderten Stücke wohl noch unter sich, aber nicht mehr mit der Stammart Nachkommen erzeugen können. Abänderungen der Geschlechtsorgane können ebensogut eintreten als Abänderungen irgendeines anderen Organsystems; wenn sie sich nur bei einem einzelnen Tiere finden, so wird dasselbe ohne Nachkommen bleiben, die Abänderung kann also nicht vererbt werden. Tritt sie aber bei einer Anzahl von Stücken einer Art auf, in der Weise, daß diese Männchen und Weibchen unter sich fruchtbar bleiben, nicht aber mit den übrigen, unveränderten — so hat sie bei weitem mehr Aussicht, erhalten zu bleiben, als irgendeine andere Neubildung, denn es liegt in ihrer Natur, daß sie nicht durch Kreuzung mit unveränderten Stücken bei den Nachkommen wieder verwischt werden kann, da sie ja gerade diese Kreuzung unfruchtbar macht. So oft also solche Abänderungen bei zahlreichen Stücken auftreten, werden sie erhalten bleiben müssen.

Es kann nun kein Zufall sein, daß wir so häufig bei verwandten Arten gegenseitige Unfruchtbarkeit finden: wenn sie auch miteinander Nachkommen zu erzeugen vermögen, so sind doch diese unfruchtbar. Es gab eine Zeit, wo man glaubte, diese Veränderung der Fruchtbarkeit sei eine Folge der anderen Abänderungen, welche zur Artbildung führen. Aber wie sonderbar wäre es, wenn jede beliebige Veränderung einer Pflanze oder eines Tieres, sei es in der Farbe oder der Größe, oder dem Bau irgendeines Teiles oder Organes, unweigerlich zugleich eine Veränderung des Fortpflanzungssystems nach sich ziehen sollte, welche zur Unfruchtbarkeit mit den nichtveränderten Artgenossen führte! Das ist um so weniger anzunehmen, als ja bei den Kulturpflanzen und Haustieren, wo wir so außerordentlich viele und tiefgreifende Veränderungen in den verschiedensten Richtungen auftreten sehen, nirgends auch nur eine Andeutung von Unfruchtbarkeit der verschiedenen Rassen untereinander zu bemerken ist.

Nehmen wir jedoch an, die Veränderungen im Fortpflanzungssystem und damit die Unfruchtbarkeit mit den veränderten Angehörigen der

Stammart traten zuerst auf, so erklärt es sich sehr leicht, wie im Gefolge davon andere Umwandlungen irgendwelcher Art bei den so veränderten Stücken sich entwickeln konnten, wodurch diese zu einer von der Stammart abweichenden Art wurden. Denn durch die Unfruchtbarkeit mit der Stammart sind dieselben ebenso wirksam isoliert, d. h. gegen freie Kreuzung geschützt, als wenn sie durch Gebirge, Meere oder Wüsten von ihr gesondert wären; ihre Abänderung wird jetzt nicht mehr verwischt durch Mischung mit der Stammart, ihre Weiterentwicklung ist von dieser unabhängig. Es kann also, wenn die abgezweigten Stücke gerade zu Abänderungen geneigt sind, zur Bildung einer neuen Art kommen neben der Stammart und auf demselben Gebiete wie diese. Das wird um so schneller geschehen, je veränderlicher die ursprüngliche Art ist: bei einer so beständigen Form wie der Gans würde es sehr lange dauern, beim Kampfläufer (Machetes), wo die Stücke schon innerhalb der Art sehr wechselnd sind, würde weit kürzere Zeit genügen. Auch können noch andere Einflüsse fördernd wirken: wenn z. B. die Kreuzungen der einst im nördlichen Europa lebenden Rabenkrähen mit ihren südlichen Artverwandten weniger fruchtbar oder ganz unfruchtbar wurden, so konnten diese Tiere durch die besonderen klimatischen Verhältnisse weiterhin so beeinflußt werden, daß sie sich zu einer besonderen Art, der Nebelkrähe umbildeten, wie sie jetzt den Norden Europas und Deutschlands bewohnt, die der Rabenkrähe äußerst nahe steht, aber durch ihr zum Teil graues Gefieder von ihr abweicht. Besonders auch bei Pflanzen finden wir es sehr häufig, daß sehr nahe verwandte Formen, die sich nur durch geringfügige, aber beständig wiederkehrende Merkmale unterscheiden, an demselben Standort bunt durcheinander wachsen, ohne sich miteinander zu kreuzen und Bastarde zu bilden.

Ja, wenn die Kreuzungsunfähigkeit den Anfang der Artbildung vorstellt, so müssen wir nicht selten bei Abarten, deren äußere Unterschiede noch fast unmerklich sind, gegenseitige Unfruchtbarkeit finden. In Wirklichkeit hat auch ein Botaniker, der an vielen Orten die Pflanzen der gleichen Art am selben Standort auf ihre Kreuzungsfähigkeit prüfte, das zunächst erstaunliche Ergebnis bekommen, daß bei nur wenig abweichenden Stücken derselben Art die gegenseitige Fruchtbarkeit fehlte. Wir haben in ihnen offenbar im Werden begriffene Arten zu sehen.

Eine besondere Form der Isolation bildet auch die natürliche Zuchtwahl. Denn sie bewirkt ja, daß die weniger passenden Stücke von der Kreuzung mit den passenderen ausgeschlossen werden, und verhindert damit die Verwischung der vorteilhaften Eigenschaften, welche bei einer größeren Anzahl von Stücken zugleich auftreten: sie erreicht dies, indem sie die minder passenden vernichtet. Während also in anderen Fällen neben der Stammart noch eine zweite Art entsteht, bleibt hier nur eine Art bestehen: die Stammart geht unter infolge des Wettbewerbs mit der bevorzugteren neuen Art.

Die verschiedenen Formen der Isolation führen nicht mit gleicher Schnelligkeit zur Bildung neuer Arten. Wenn ein Hirt seine Schafe in zwei Herden teilen will, so kann er es tun, indem er entweder diejenigen, welche auf der einen Seite einer Furche grasen, von den anderen trennt, oder indem er etwa die schwarzen von den weißen sondert: im ersteren Falle beachtet er keine besonderen gemeinsamen Merkmale, er verfährt unkritisch, während er im zweiten kritisch scheidet. So können auch die verschiedenen Isolationsformen kritisch und unkritisch sein: jener Isolationsvorgang, bei dem die Bewohnerschaft der Britischen Inseln von der des übrigen Europa abgesondert wurde, war unkritisch wie die geographische Isolation meistens; eine kritische Isolation ist z. B. die der Gartenamseln von den Waldamseln — denn hier sind die ersteren allesamt keck und wagend, die anderen gleicherweise schüchtern und zurückhaltend. Es leuchtet ein, daß bei der kritischen Isolation, wo die abgetrennten Stücke schon gleiche Merkmale haben, es schneller zu einer Festigung der Art kommt als bei der unkritischen.

Somit können wir drei große Prinzipien unterscheiden, welche für die Artbildung maßgebend sind: Veränderlichkeit, Vererbung und Kreuzungsverhinderung oder Isolation. Jedes einzelne für sich vermag wenig: die Veränderlichkeit ohne Vererbung verändert die Art nicht dauernd, und die Veränderlichkeit ohne Isolation verfällt der ausgleichenden Macht der Kreuzung, wenigstens für den Fall, daß die Bastarde nicht „mendeln". Die Isolation ohne Veränderlichkeit hat ebenfalls wenig Wert, wie das Vorkommen kosmopolitischer Arten zeigt. Aber vereint sind sie mächtig, und es erscheint sicher, daß sie vollauf genügen, um das Zustandekommen der Verschiedenheit der Arten und ihre Entwicklung aus gemeinsamen Wurzeln zu erklären.

Vom Ursprung des Lebens auf der Erde.
Schluß.

Wenn wir nun nach der Abstammungslehre annehmen, daß sich die einander ähnlichen Lebewesen von gemeinsamen Vorfahren ableiten, und daß auch diese immer weiter auf eine gemeinsame Wurzel zurückzuführen sind, so kommen wir schließlich dazu, daß es ein einfachstes Wesen gegeben haben muß, das zuerst vorhanden war und von dem alle anderen abstammen. Woher aber kam dieses, oder mit anderen Worten: wie entstand das erste Leben auf der Erde? Kann es so alt sein wie die Erde selbst, besteht es vielleicht gar von Ewigkeit her wie die Materie?

Ehe wir dies beantworten können, müssen wir einige Erörterungen über die Herkunft der Erde vorausschicken. Die Erde ist ein Himmelskörper, der sich um seine eigene Achse und um die Sonne dreht. Mit ihr umkreisen die Sonne eine Anzahl größerer oder nur wenig kleinerer Körper, die Planeten, und viele kleinere, die man Asteroiden nennt. Die elliptische Bahn aller dieser Gestirne weicht nicht sehr von der Kreisform ab; alle diese „Kreise" haben den gleichen Mittelpunkt, die Sonne, und alle liegen sie nahezu in der gleichen Ebene, in welche auch der Äquator der Sonne fällt. Alle haben sie auf ihren Bahnen die gleichsinnige Bewegung von West nach Ost und drehen sich dabei ebenso wie Sonne und Erde um ihre eigene Achse, und zwar ebenfalls von West nach Ost. Wir haben also in der Sonne mit den Planeten und Asteroiden ein sehr einheitliches System von Gestirnen vor uns und dürfen mit Recht vermuten, daß sie alle gemeinsamen Ursprungs sind. Darin werden wir bestärkt durch die Beobachtungen, die über die stoffliche Zusammensetzung der Sonne gemacht sind: zwar ist es völlig unmöglich, Bestandteile des Sonnenkörpers selbst zu erlangen und einer chemischen Untersuchung zu unterwerfen — aber das Licht, das wir von der Sonne empfangen, läßt sich durch bestimmte Hilfsmittel (Spektralanalyse) derart zerlegen, daß wir erkennen können, welcher Art die glühenden Gase sind, die die Sonne umgeben. Auf diese Weise läßt sich mit Sicherheit nachweisen, daß mehr als die Hälfte der auf der Erde gefundenen chemischen Grundstoffe auch auf der Sonne vorkommen, daß also ihre Masse von ähnlicher Zusammensetzung ist wie diejenige der Erde.

Die Himmelskörper, die wir als Sterne sehen, befinden sich in sehr

120 Vom Ursprung des Lebens auf der Erde

Abb. 40. Spiralnebel in den Jagdhunden.

verschiedenen Zuständen. Viele der sogenannten Nebelflecke, die von den Astronomen auch mit den stärksten Fernröhren nicht in Haufen einzelner Gestirne aufgelöst werden können, sind durch die Spektralanalyse mit Sicherheit als glühende Gasmassen erkennbar; manche von ihnen haben eine linsenförmig abgeplattete Gestalt, andere, die sogenannten Spiralnebel (Abb. 40), weisen in ihrem Aussehen deutliche Zeichen einer Rotation ihrer Massen auf. Dagegen stellen sich die Fix-

Entwicklung der Erde

sterne, z. B. unsere Sonne, als weißglühende festflüssige Körper dar; andere wieder strahlen rötliches Licht aus, sind also wohl zur Rotglut abgekühlt. Die vier großen äußeren Planeten, Neptun, Uranus, Saturn, Jupiter, scheinen noch schwach glühend zu sein und ein sehr mattes eigenes Licht auszustrahlen, während ihre Hauptlichtmasse in zurückgeworfenen Sonnenstrahlen besteht. Die Erde und der Mond dagegen sind auf ihrer Oberfläche ganz abgekühlt. Wir wissen aber, daß im Inneren der Erde noch ein ungeheurer Hitzevorrat vorhanden ist, der sich darin bemerkbar macht, daß in Bergwerken oder tiefen Bohrlöchern die Temperatur mit zunehmender Tiefe gesetzmäßig steigt, und für den auch das Vorhandensein heißer Quellen und die Tätigkeit der feuerspeienden Berge zeugt, die aus ihren Kratern glühende Auswürflinge und feuerflüssige Lavamassen an die Oberfläche befördern. Die zahlreichen Krater auf der Oberfläche des Mondes beweisen, daß auch dort früher eine lebhafte vulkanische Tätigkeit vorhanden war; jetzt ist sie, offenbar infolge der weiter vorgeschrittenen Abkühlung völlig erloschen.

Auf die Gesamtheit dieser Tatsachen gründet sich nun eine Theorie über die Entstehung unseres Sonnensystems, die zuerst von dem großen Königsberger Philosophen Kant aufgestellt und nach ihm von Laplace selbständig gefunden und begründet worden ist; nach diesen zwei Männern wird sie die Kant-Laplacesche Theorie genannt. Danach bildeten ursprünglich die jetzt getrennten Teile unseres Sonnensystems eine einheitliche glühende Masse, die infolge ihrer außerordentlich hohen Temperatur gasförmig war; sie drehte sich um eine Achse und plattete sich infolgedessen linsenförmig ab, kurz sie glich den Nebelflecken, die wir jetzt noch im Weltenraum beobachten. Allmählich kühlten sich die äußeren Schichten dieses rotierenden Dampfballes ab, einzelne Teile sonderten sich, zogen sich stärker zusammen und wurden zu feuerflüssigen Kugeln, die sich in derselben Richtung um die gemeinsame Achse des ganzen Systems und zugleich um ihre eigene Achse drehten; die ursprüngliche Masse zog sich bei weiterer Abkühlung mehr zusammen, und der gleiche Vorgang wiederholte sich noch öfter: so entstanden die Planeten und Asteroiden, und als Hauptmasse blieb im Mittelpunkt die Sonne zurück. Die Planeten und mit ihnen unsere Erde sind demnach hervorgegangen aus einer glühenden Gasmasse, dann wurden sie zu dichteren, feuerflüssigen Kugeln von Weißglut, wie jetzt noch die Sonne es ist, und kühlten sich mehr und mehr ab; so kam die Erde schließlich zu ihrem jetzigen Zustand.

Die lebendige Substanz aber ist ein Gemisch von Eiweißstoffen verschiedenen Aufbaues, welche alle die Eigenschaften gemein haben, daß sie bei einer Hitze über 70° C, also noch beträchtlich unter der Siedehitze des Wassers, ihre ursprüngliche weiche Beschaffenheit verlieren und zu einer festen Masse gerinnen. Es ist also bei Temperaturen über 70° C kein Leben möglich, und wir müssen daraus schließen, daß in früheren Zuständen der Erde auf ihr kein Leben ähnlich dem, das wir jetzt hier finden, vorhanden sein konnte. Es kann erst auf ihr entstanden sein, nachdem die Abkühlung sehr weit fortgeschritten war, so weit, daß sich schon flüssiges Wasser auf der Erde niederschlagen konnte.

Noch vor neunzig Jahren glaubte man, daß die chemischen Verbindungen, aus denen die Lebewesen bestehen und die sie als Erzeugnisse ihres Stoffwechsels hervorbringen, nur durch den lebendigen Organismus erzeugt werden könnten; man bezeichnete sie als organische Verbindungen und stellte ihnen die Stoffe der unbelebten Natur, die Mineralien, als anorganische gegenüber. Organische Verbindungen aus anorganischen zusammenzusetzen, galt für unmöglich, obgleich man wußte, daß sie keine Grundstoffe enthalten, die sich nicht auch in der leblosen Natur finden. Seitdem ist es aber gelungen, eine große Anzahl solcher organischer Substanzen aus anorganischen Stoffen künstlich in der Flasche herzustellen. Ja, nach den neuesten Erfolgen der Chemie scheint der Tag nicht mehr ferne, wo es gelingen wird, auch Eiweißkörper in dieser Weise darzustellen. Allerdings ist damit noch keine lebende Substanz hergestellt. Diese ist vielmehr eine bestimmte Zusammenstellung verschieden aufgebauter Eiweißverbindungen, und ist von einem einzelnen Eiweißkörper so verschieden wie eine Dampfmaschine von einem Kochtopf. — Es hieße aber zu viel voraussagen, wollte man die Möglichkeit einer späteren Lösung dieser Aufgabe in Abrede stellen. Aber was dem Menschen noch nicht gelungen ist, das kann sehr wohl unter den ungeheuer mannigfaltigen Bedingungen in dem großen Laboratorium der Natur gelungen sein. Die meisten Forscher huldigen jetzt daher der Ansicht, daß sich die lebendige Substanz einst, als die Bedingungen günstige waren, durch geeignetes Zusammentreten anorganischer Stoffe gebildet habe. Diese Art der Entstehung nennt man Urzeugung.

Dabei dürfen wir freilich das Wort Urzeugung nicht so verstehen, wie es früher vielfach angewendet wurde, für die Entstehung schon höher ausgebildeter Wesen aus nichtorganisierter oder gar anorganischer Substanz; überall, wo man Eier oder Keime nicht zu beobachten Gelegenheit hatte, war man mit einer solchen Erklärung bereit. Aristoteles glaubte, daß die Maden aus dem Fleisch entstünden, die Aale aus dem Schlamm, die Läuse aus dem Schweiß. Später, ja noch in der ersten Hälfte des vorigen Jahrhunderts glaubte man wenigstens für Bakterien und andere niederste Wesen behaupten zu dürfen, daß sie sich aus Heuaufgüssen, Fleischbrühe und ähnlichen Stoffen entwickeln könnten, auch wenn man alle darin etwa enthaltenen Keime des Lebens ertötet hätte. Solche Art von Urzeugung ist als Irrtum nachgewiesen. Wenn man die winzigen Keime kleinster Wesen, die wie Stäubchen durch jeden Luftzug aufgewirbelt werden, mit genügender Sorgfalt von den Kulturgefäßen fernhält, bilden sich keine Lebewesen in jenen Stoffen; offenstehende Gefäße dagegen wimmeln bald von ihnen. Das Leben auf der Erde ist, soweit unsere Beobachtung reicht, ein ununterbrochenes, zusammenhängendes; jedes Lebendige stammt von Lebendigem ab.

Trotzdem können wir uns eine selbständige Neuentstehung lebendiger Masse denken. Jene kleinsten Wesen, die wir mit unseren Mikroskopen zu beobachten vermögen, sind schon recht zusammengesetzte Gebilde. Sie bestehen aus zahlreichen Einzelteilchen von verschiedener Beschaffenheit, deren jedes für sich seinen Stoffwechsel hat, d. h. sich ernährt und wächst, und somit schon ein lebendiges Körperchen vorstellt. Solche einfachste lebendige Teilchen konnten vielleicht unter besonderen Bedingungen, ja können vielleicht sogar noch jetzt an geeigneten Stellen aus anorganischen Stoffen entstehen, und wenn sie die Fähigkeit haben, durch Aufnahme anorganischer Substanz aus ihrer Umgebung wiederum lebende Substanz aufzubauen, so können sie auch wachsen und sich vermehren — aber über die Vermutung kommen wir nicht hinaus; für die unmittelbare Beobachtung sind diese Körperchen zu klein. Wenn nun verschiedene Arten solcher Teilchen gleichsam zu Kolonien zusammentreten, könnte eine Substanz ähnlich derjenigen der einfachsten für uns sichtbaren Wesen entstehen, ein ursprüngliches Protoplasma.

So denken wir uns die Entstehung von Urwesen, kleinen Schleimklümpchen von einfachster Beschaffenheit, die durch Nahrungsaufnahme wachsen konnten und sich dann, wenn sie ein gewisses Größenmaß überschritten hatten, wiederum teilten und auf diese Weise vermehrten. Von ihnen leiteten sich immer komplizierter gebaute Wesen ab: einer der

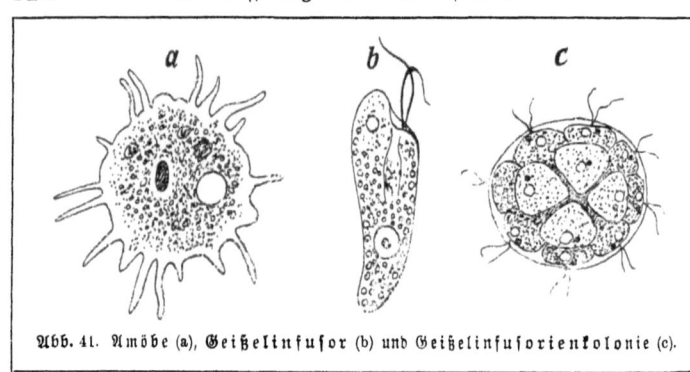

Abb. 41. Amöbe (a), Geißelinfusor (b) und Geißelinfusorienkolonie (c).

Mischbestandteile des ursprünglichen Protoplasmas, das Nuklein, sonderte sich örtlich von der übrigen Substanz und ballte sich zusammen im sogenannten Kern; aus dem Schleimklümpchen wurde eine einfachste Zelle. Am Protoplasma der Zelle bildeten sich allerhand Hilfsorgane der Bewegung und Nahrungsaufnahme: Es entstand die Welt der Protisten oder Urwesen (Abb. 41). Aus dieser gemeinsamen Wurzel entsprangen dann einerseits die vielzelligen Pflanzen, anderseits die vielzelligen Tiere, und zwar wahrscheinlich dadurch, daß bei der vermehrenden Teilung dieser Urwesen die Teilstücke im Zusammenhang blieben und nun kleine, vielzellige Protistenkolonien bildeten (Abb. 41 c), die gleichsam das Urbild niederer vielzelliger Lebewesen vorstellen. So etwa können wir uns die erste Entwicklung des Lebens auf der Erde denken.

Wie auf der Erde so dürfte wohl auf vielen anderen Gestirnen, die sich in einem geeigneten Temperaturzustand befinden, die Möglichkeit einer Urzeugung und somit einer Bevölkerung mit Lebewesen vorhanden sein. Ja, da wir nach der Kant-Laplaceschen Theorie eine immer weitere Abkühlung der Gestirne annehmen müssen, so werden immer wieder andere, die jetzt wegen zu großer Hitze noch nicht geeignet sind, Leben zu beherbergen, früher oder später in einen Zustand kommen, wo auch auf ihnen Leben entstehen kann. Umgekehrt aber muß bei weiterer Abkühlung unsere Erde einmal dahin gelangen, daß die Temperatur auf ihrer ganzen Oberfläche dauernd unter den Gefrierpunkt sinkt, und damit wird auf ihr alles Leben zugrunde gehen.

Welche Zeiten über all diesen Veränderungen hingehen, das können wir kaum ahnen, geschweige denn verstehen. Bedenken wir, daß auf der Erde das Leben auf eine ganz bestimmte Zeitspanne beschränkt ist: von dem Punkte an, wo ihre Temperatur sich unter 70° abkühlte — was zuerst wohl an den Polen geschah — bis dahin, wo auch in den Tropen Eisstarre eintritt. Von diesem Zeitraum ist jetzt schon ein guter Teil verflossen; aber auch nur ein ganz geringer Abschnitt davon, nur die Neuzeit der Lebewelt, vom Beginne der Eiszeit bis auf unsere Tage, ist von einer Dauer, daß die Zeiträume menschlicher Geschichte verschwindend kurz sind ihm gegenüber! Wie viele Jahrmillionen müssen vollends seit dem Beginn des Lebens auf der Erde verstrichen sein! In der Geschichte der Erde aber ist die Zeit ihres Belebtseins nur ein verschwindend geringer Abschnitt: Wenn in dieser Zeitspanne, die wir nach Jahren gar nicht schätzen können, die Temperatur der Erdoberfläche sich von 70° bis durchschnittlich 10° abgekühlt hat, welche Ewigkeiten und abermals Ewigkeiten müssen vergangen sein, bis, unter Voraussetzung gleichmäßig fortschreitender Erkaltung, unser weißglühender Planet von vielen 1000° sich bis auf 70° abgekühlt hatte! Und wenn die Erde einst erstarrt sein wird, dann kommen andere Himmelskörper in eine für die Lebewesen günstige Temperatur, und wiederum andere, und vielleicht entsteht auch wirklich Leben auf ihnen. So vergehen Lebewelten und entstehen neue, in unendlicher Folge! Wie winzig kurz erscheint da unser Leben, wie jämmerlich unbedeutend das ganze Menschengeschlecht.

Aber unsere ganze Beurteilung der Welt hängt notwendig mit unserem innersten Wesen zusammen und somit auch unsere zeitliche Auffassung mit unserer Lebensdauer. Denken wir uns z. B. ein Lebewesen, das nur einen Tag lebte, vom Morgen bis zum Abend, das aber die Fähigkeit hätte, in menschlicher Weise seinen Nachkommen Aufzeichnungen zu hinterlassen; das würde vom Wechsel von Tag und Nacht eine ganz andere Vorstellung bekommen als wir und vielleicht sagen: als ich noch jung war, da ging ein goldiges Gestirn am Himmel auf und verbreitete Wärme und Licht; jetzt sinkt es hinab, Kälte und Finsternis bricht herein, und ihr werdet in ewiger Finsternis leben müssen! — Oder wenn ein solches Wesen zwei Wochen lebte, so würde es vom Monde vielleicht erzählen: Wenn das große Gestirn, das den Tag regiert, hinabgestiegen war, kam früher eine kleine helle Sichel am Himmel herauf, erst nur für kurze Zeit; aber sie wurde immer größer und schien länger; jetzt ist sie schon fast wie die Sonne, und ihr werdet vielleicht die Zeit erleben, wo nicht mehr Tag und Nacht geschieden sind, sondern Helligkeit und Wärme uns zu allen Zeiten beglücken.

Wieweit wir selbst durch unsere Menschlichkeit in unserer Auffassung der umgebenden Natur beengt sind, das werden wir niemals in vollem Umfange entscheiden können. Sicher aber ist, daß die alten selbstgefälligen Träumereien, die den Menschen zum Mittelpunkt der Welt stempelten, die um seinetwillen alles erschaffen sein ließen, die ihn selbst als das Schoßkind des Schöpfers aller Dinge hinstellten, daß diese Träumereien erbarmungslos vernichtet werden durch die Betrachtung der Gewaltigkeit und Unbegreiflichkeit der Natur auf der einen, und der geringen Rolle, welche der Mensch darin spielt, auf der anderen Seite. In der Ewigkeit des Weltendaseins bedeutet die Anwesenheit des Menschen nichts als einen kleinen, unbedeutenden Zug, einen einzigen Pulsschlag der seit Äonen wirkenden Natur.

Winke für solche, welche sich mit dem behandelten Stoffe weiter beschäftigen wollen.

Das klassische Werk, durch welches die Abstammungslehre zuerst zu allgemeinerer Geltung gebracht wurde: Charles Darwins „Entstehung der Arten durch natürliche Zuchtwahl", verdient auch jetzt noch ein eingehendes Studium, wenn auch durch spätere Forschungen viele neue Gesichtspunkte beigebracht sind, die es noch nicht enthält. Es ist durch billige Ausgaben in Reclams Universal-Bibliothek, Hendels Bibliothek der Weltliteratur und bei Kröner jedermann leicht zugänglich.

Wer aber in das Verständnis dieser Lehre tiefer einzudringen wünscht, für den sind Vorkenntnisse in der Tier-, Pflanzen- und Versteinerungskunde unerläßlich. Zur Einführung empfehle ich, aus der Fülle der geeigneten Bücher, am meisten:

O. Schmeil, Lehrbuch der Zoologie, von biologischen Gesichtspunkten aus bearbeitet. 44. Aufl. Leipzig 1921 und .

Derselbe, Lehrbuch der Botanik, von biologischen Gesichtspunkten aus bearbeitet. 42. Aufl. Leipzig 1920.

Sehr geeignet ist ferner:

K. Kraepelin, Einführung in die Biologie. 3. Aufl. Leipzig und Berlin 1912.

Für Fortgeschrittenere ist sehr zu empfehlen:

A. Kerner von Marilaun, Pflanzenleben 2 Bände. 2. Aufl. bearb. von A. Hansen. Leipzig und Wien. 1913—16.

In ähnlicher Weise sucht in die Tierkunde einzuführen:

R. Hesse und F. Doflein, Tierbau und Tierleben, in ihrem Zusammenhang betrachtet. 2 Bde. Leipzig 1910 und 1914.

Zur Einführung in die Versteinerungskunde ist zu empfehlen:

J. Walther, Geschichte der Erde und des Lebens. Leipzig 1908.

Wer sich so mit Vorkenntnissen gerüstet hat, der wird dann mit Kritik an die einander entgegengesetzten Anschauungen über die Wege der Artumbildung herantreten, wie sie u. a. einerseits in

A. Weismann, Vorträge über Deszendenztheorie. 3. Aufl. Jena 1913,

andererseits in

O. Hertwig, Das Werden der Organismen. 2. Aufl. Jena 1918

niedergelegt sind.

Abbildungsverzeichnis und Quellennachweis.

Abb.		Seite
1.	Waldnesselfalter (Vanessa levana), Frühjahrsform und Sommerform. Aus Claus, Lehrbuch der Zoologie	9
2.	Walfisch (Skelett im Umriß)	13
3.	Seehund (Skelett im Umriß). Aus Martin, Illustr. Naturgeschichte der Tiere	14
4.	Schwimmende Pinguine. Aus Martin, Illustr. Naturgeschichte	15
5.	Vogelflügel u. Pinguinflügel	16
6.	Vordergliedmaßen v. Mensch, Bär, Fledermaus, Walfisch	18
7.	Flügel von Pterodactylus	19
8.	a—c Weibchen von spannerartigen Schmetterlingen, d Männchen vom kleinen Frostspanner, mit gut ausgebild. Flügeln. Aus Heß, Forstschutz	20
9.	Entwicklung von Haifisch, Ringelnatter, Huhn, Mensch	24
10.	Salamanderlarve. Aus Martin, Naturgeschichte	26
11.	Entwicklung u. Verwandlung des Frosches nach Pflurtscheller	27
12.	Scholle von oben	29
13.	Augenwanderung b. d. Scholle	30
14.	Entenmuschel	31
15.	Entwicklung d. Entenmuschel, zwei Stadien	32
16.	Paläontologische Entwicklung der Vorderfüße der Pferde	39
17.	Geweihbildung b. Edelhirsch	40
18.	Paläontologische Entwicklung der Geweihe	41
19.	Archaeopteryx. Aus Steinmann und Döderlein, Elemente der Paläontologie	42
20.	Vogelskelett. Aus Martin, Naturgeschichte	43
21.	Skelett des ausgestorbenen Riesengürteltiers (Glyptodon) aus den Pampastonen Argentiniens. Aus Credner, Geologie	44
22.	Gürteltier. Aus Martin, Naturgeschichte	45
23.	Schnabeltier. Aus Martin, Naturgeschichte	48
24.	Karte der Eiszeit	56
25.	Säugling, die Milchflasche mit den Fußsohlen haltend. Original	59
26.	Menschlicher Blinddarm mit Wurmfortsatz	61

Abb.		Seite
27.	Schädelprofil eines Menschenaffen, eines Neandertalmenschen und eines jetzigen Europäers	65
28.	Gewöhnliche Haustaube (1), englische Botentaube (2), Möwchen (3), Jakobiner (4) und Pfauentaube (5)	69
29.	Schneehuhn im Winterkleid. Aus Martin, Naturgeschichte	72
30.	Lingula	82
31.	Antedon rosacea. Aus Leunis, Synopsis der Tierkunde	83
32.	Drei junge Haarsterne. Aus Martin, Naturgeschichte	84
33.	Schema der Entwicklung eines vielzelligen Tieres	90
34.	Vererbungsschema. Original	94
35.	Polyommatus phlaeas. Aus Martin, Naturgeschichte	99
36.	Sommerformen u. Winterformen: 1. eines Geißeltierchens (Ceratium), 2. eines Rädertierchens (Asplanchna), 3.—6. von Wasserflöhen (Daphnia hyalina, D. cucullata, Bosmina coregoni aus zwei verschiedenen Seen). Nach Wesenberg-Lund	100
37.	Grottenolm (Proteus anguineus) aus Martin, Naturgeschichte	103
38.	Skelett eines Känguruhs. Aus Martin, Naturgeschichte	105
39.	Skelett vom Frosch. Aus Martin, Naturgeschichte	106
40.	Spiralnebel aus den Jagdhunden. Aus Newcomb-Engelmann, Astronomie	120
41.	Amöbe, Geißelinfusor und Geißelinfusorienkolonie	124

ABSTAMMUNGSLEHRE
SYSTEMATIK, PALÄONTOLOGIE
BIOGEOGRAPHIE

Unter Redaktion von **R. Hertwig** und **R. v. Wettstein**. (Die Kultur der Gegenwart. Hrsg. von Prof. **Paul Hinneberg**. Teil III, Abt. IV, Bd. 4.)

Mit 112 Abb. [IX u. 620 S.] Lex.-8. 1914.
Geheftet Mark 162.50, gebunden Mark 225.—,

Inhalt: Die Abstammungslehre von R. Hertwig. — Prinzipien der Systematik mit besonderer Berücksichtigung des Systems der Tiere von L. Plate. — Das System der Pflanzen von R. v. Wettstein. — Biogeographie von †A. Brauer. — Pflanzengeographie von Engler. — Tiergeographie von †A. Brauer. — Paläontologie und Paläozoologie von Abel. — Paläobotanik von W. J. Jongmans. — Phylogenie der Pflanzen von R. v. Wettstein. Phylogenie der Wirbellosen von K. Heider. — Phylogenie der Wirbeltiere von J. E. V. Boas.

An die Bearbeitung der einzelnen Kapitel haben sich eine Anzahl hervorragendster Forscher geteilt, die durch eigene Tätigkeit auf den betreffenden Gebieten für die Behandlung derselben in erster Linie berufen waren. So sind Darstellungen zustande gekommen, die nicht nur in vortrefflicher Weise dem Zwecke dienen werden, den gebildeten Kreisen der Gegenwart die Ergebnisse der wissenschaftlichen Forschung zu vermitteln, sondern die auch der Fachmann unschätzbar sind und auch für die Zukunft einen bleibenden Wert behalten werden als Zeugnisse für den derzeitigen Stand der betreffenden Wissenschaft. So ist auch dieser Band des großen Unternehmens eine außerordentlich wertvolle Erscheinung, und man wird ihn nicht aus der Hand legen können, ohne eine Empfindung berechtigter Freude über die rastlose und erfolgreiche Arbeit, mit der der Mensch in die Tiefen der Natur einzudringen bemüht ist, zugleich aber auch über ein Unternehmen, das mit solchem Erfolge und in so vortrefflicher Weise die Ergebnisse dieser Forschung weiteren Kreisen zugänglich zu machen bestrebt ist. Die deutsche Wissenschaft darf darauf stolz sein. (Biolog. Centralblatt.)

Was mir als besondere Stärke dieses Buches erscheint, ist die außerordentliche begriffliche Klarheit, die in allen seinen Aufsätzen zum Ausdruck kommt, und insofern sticht das Buch in außerordentlicher Weise ab von jener begrifflichen Flatterhaftigkeit, möchte ich sagen, durch die leider eine große Zahl von populären Darstellungen so unvorteilhaft gekennzeichnet sind. (Die Neue Zeit.)

Die Aufgabe, das gewaltige, für den einzelnen schier unübersehbare Tatsachenmaterial kritisch zu sichten und unter Hervorhebung des Wichtigsten und Vermeidung aller Einzelheiten auf einem nur eng begrenzten Raume in allgemeinverständlicher Form und doch enger Sachlichkeit darzustellen, ist hier glänzend gelöst worden. Unter den Bearbeitern finden wir ausnahmslos klangvolle Namen, die in den von ihnen bearbeiteten Fächern unbestrittene Autoritäten sind. Schon aus der Inhaltsübersicht läßt sich entnehmen, welch eine Fülle von Problemen allgemeiner Art und einzelnen Forschungsergebnissen in dem vorliegenden Bande verarbeitet ist, dessen Inhalt ausnahmslos Fragen behandelt, die gegenwärtig im Mittelpunkt biologischer Forschung stehen und das höchste allgemeine Interesse nicht nur verdienen, sondern bereits in weitesten Kreisen gefunden haben. (Hamb. Nachrichten.)

Probeheft mit Inhaltsübersicht des Gesamtwerkes, Probeabschnitten, Inhaltsverzeichnissen und Besprechungen gegen Einsendung von M. 3.— durch den Verlag in **Leipzig, Poststraße 3**

VERLAG VON B. G. TEUBNER IN LEIPZIG UND BERLIN

Preisänderung vorbehalten

ANuG 39: Hesse. Abstammungslehre.

Experimentelle Abstammungs- u. Vererbungslehre. Von Dr. *E. Lehmann*, Prof. a. d. Univ. Tübingen. 2. Aufl. Mit 27 Abb. im Text. [124 S.] 8. 1921. (ANuG Bd. 379.) Kart. M. 20.—, geb. M. 24.—
Die Grundlagen der Mendelschen Theorie und deren Verknüpfung mit der anatomischen Erforschung der Zelle stehen mit den Fragen der Mutationen und der Vererbung erworbener Eigenschaften im Mittelpunkt der die neuesten Ergebnisse berücksichtigenden Darstellung.

Mendels Vererbungstheorien. Von *W. Bateson*, M.A.F.R.S.V.M.H. Dir. d. John Innes Horticultural Institution in Merton (Surrey). Aus dem Englischen übersetzt von *Alma Winckler*. Mit einem Begleitwort v. Hofrat Dr. *R. v. Wettstein*, Prof. a. d. Univ. Wien, sowie 41 Abb. i. T., 6 Taf. u. 3 Portraits v. Mendel. [X u. 375 S.] gr. 8. 1914. Geh. M. 140.80, geb. M. 160.—
Gibt eine Darstellung der Mendelschen Entdeckung sowie der in den letzten Jahren durch die Anwendung gemachten Erfahrungen der Erblichkeitsforschung.

Befruchtung und Vererbung. Von weil. Dr. *E. Teichmann*, Frankfurt a. M. 3. Aufl. Mit 13 Textabb. [113 S.] 8. 1919. (ANuG Bd. 70.) Kart M. 20.—, geb. M. 24.—
Das Bändchen gibt eine Einführung in das für die gesamte Biologie so überaus wichtige Problem der Befruchtung und ihrer Bedeutung für Fortpflanzung und Vererbung.

Mathematik und Biologie. Von Dr. *M. Schips*, Zürich. Mit 16 Fig. im Text. [II u. 52 S.] 8. 1922. (Math.-physik. Bibl. Bd. 42.) Kart. M. 12.—
Führt in die mathematische Behandlung biologischer Fragen sowohl der Morphologie wie der Anatomie und Physiologie, endlich in die mathematische Ableitung des Weberschen Gesetzes ein.

Die mathematischen Grundlagen der Variations- und Vererbungslehre. Von Prof. Dr. *P. Riebesell*, Hamburg. Mit dem Bildnis von Gregor Mendel als Titelbild und 15 Abb. im Text. [IV u. 45 S.] 8. 1916. (Math.-physik. Bibl. Bd. 24.) Kart. M. 12.—
Behandelt die von Mendel u. a. aufgedeckten zahlenmäßigen Gesetzmäßigkeiten im Reich des Organischen von mathematischen Gesichtspunkten aus.

Handbuch der naturgeschichtlichen Technik für Lehrer und Studierende der Naturwissenschaften. Unter Mitwirkung von *A. Berg*, Berlin. *W. Bock*, Hannover. *P. Claußen*, Berlin. *P. Esser*, Köln. *H. Fischer*, Berlin. *K. Fricke*, Bremen. *P. Kammerer*, Wien. *H. Poll*, Berlin. *R. Rossmann*, Münster. *B. Schorler*, Dresden. *O. Steche*, Frankfurt a. M., *F. Urban*, Plauen. *E. Wagler*, Leipzig. *B. Wandolleck*, Dresden, herausgeg. von Prof. Dr. *B. Schmid*, München. Mit 381 Abb. im Text. [VII u. 555 S.] Lex -8. 1914. Geh. M. 120.—, geb. M. 155.20
Das Werk will dem Lehrer der Naturgeschichte in allen technischen Fragen, die an ihn sowohl im theoretischen als auch im praktischen Unterricht, bei seinen Exkursionen, in seiner Tätigkeit als Konservator der Sammlungen und seiner Aufgabe als Organisator von biologischen Schuleinrichtungen herantreten, ein Wegweiser sein und ihm Material für seine Fortbildung in technischer Hinsicht geben, das ihn befähigt, die Vorarbeiten zu selbständigen Beobachtungen und Untersuchungen zu erledigen.

Lebensweise und Organisation. Eine Einführung in die Biologie der wirbellosen Tiere. Von Prof. Dr. *P. Deegener*, Privatdoz. a. d. Univ. Berlin. Mit 154 Abb. [X u. 288 S.] gr. 8. 1912. Geh. M. 40.—, geb. M. 48.—
Sucht die nahe Beziehung zwischen der Gestalt des Tieres und seiner Lebensführung nachzuweisen und zeigt, daß diese Gestalt nicht allein aus der Anpassung an die heutigen Verhältnisse herzuleiten ist, sondern daß die Umformung auch häufig an ererbte Zustände früherer Anpassungen anknüpft.

Verlag von B. G. Teubner in Leipzig und Berlin

Preisänderung vorbehalten

Einführung in die Biologie. Von Prof. Dr. *K. Kraepelin*, weil. Dir. d. Naturhistor. Museums in Hamburg. Große Ausgabe. 5. verb. Aufl. von Prof. Dr. *C. Schäffer*, Studienrat a. d. Oberrealschule a. d. Uhlenhorst in Hamburg. Mit 461 Textbild, 1 schwarz. Taf., 4 Taf. i. Buntdr. u. 3 Kart. [VIII u. 357 S.] gr. 8. 1921. Geb. M. 70.—. Kl. Ausg. Mit 333 Textbild., 1 schwarz. Taf. sowie 4 Taf. u. 2 Kart. in Buntdr. [IV u. 251 S.] gr. 8. 1919. Geb. M. 36.—

„Dieses Buch ist geradezu ein Kompendium der allgemeinen Biologie. Es füllt tatsächlich eine Lücke aus und sollte in der Bibliothek niemandes fehlen, der in der Naturwissenschaft Grundlage unserer heutigen Bildung sieht." **(Die Umschau.)**

Allgemeine Biologie. Unter Redaktion von Geh. Hofrat Dr. *K. Chun*, weil. Prof. a. d. Univ. Leipzig, und Dr. *W. Johannsen*, Prof. a. d. Univ. Kopenhagen, unter Mitwirk. von Prof. Dr. *A. Günthart*, bearb. von *E. Baur, P. Boysen-Jensen, P. Claußen, A. Fischel, E. Godlewski, M. Hartmann, W. Johannsen, E. Laqueur, † B. Lidforss, W. Ostwald, O. Porsch, H. Przibram, E. Rádl, O. Rosenberg, W. Roux, W. Schleip, G. Senn, H. Spemann, O. zur Straßen.* Mit 115 Abb. i. T. [XI u. 691 S.] Lex.-8. 1915. (Die Kultur d. Gegenwart, hrsg. v. Prof. Dr. *P. Hinneberg*. Teil III, Abt. IV, 1.) Geh. M. 187.50, geb. M. 250.—

Gibt zunächst eine historisch-methodologische Übersicht und handelt dann von den Grundfragen der „Allgemeinen Biologie", von den Eigenschaften der organisierten Substanz, von dem Wesen des Lebens und dem Problem der Urzeugung, dann folgen die Probleme der Fortpflanzung und Vererbung. Die natürliche Verwandtschaft und die Abstammungslehre werden ihren Grundlagen formal und realexperimentell behandelt. Den sozialen Erscheinungen im Tierreich sind drei Artikel gewidmet, und besonders eingehend wird namentlich das Grundproblem der Biologie, die Zweckmäßigkeitslehre, dargestellt.

Einführung in die allgemeine Biologie. Von Dr. *W. T. Sedgwick*, Prof. a. d. Massachusetts Institute of Technology in Boston u. Dr. *E. B. Wilson*, Prof. a. d. Columbia College in New York. Autor. Übers. n. d. 2. Aufl. von Dr. *C. Thesing*. Mit 126 Abb. [X u. 302 S.] gr. 8. 1913. Geh. M. 64.—, geb. M. 80.—

„Die Verfasser verstehen es in geradezu wunderbarer Weise, durch gut gewählte Beispiele Lebensformen der Tier- und Pflanzenwelt einander gegenüberzustellen." **(Köln. Zeitg.)**

Experimentelle Biologie. Regeneration, Transplantation u. verwandte Gebiete. Von Dr. *C. Thesing*, Leipzig. Mit 1 Taf. u. 69 Textabb. [IV u. 122 S.] 8. 1911. (ANuG Bd. 337.) Kart. M. 20.—, geb. M. 24.—

Der Band behandelt die zu so großer Bedeutung gelangten Erscheinungen der Regeneration und Transplantation bei Tieren und Pflanzen nebst den damit in engem Zusammenhange stehenden Erscheinungen der Selbstverstümmelung und der ungeschlechtlichen Vermehrung. Die Ergebnisse der modernen Forschung werden dabei in einer Weise geboten, wie sie in so knapper Zusammenfassung bisher nicht bestand.

Anthropologie. Unter Redaktion von Geh. Med.-Rat Dr. *G. Schwalbe*, weil. Prof. an der Universität Straßburg und Dr. *E. Fischer*, Prof. an der Universität Freiburg i. Br. (Die Kultur der Gegenwart, von Prof. Dr. *P. Hinneberg*. Teil III, Ab. V.) [U. d. Pr. 22.]

Inhalt: Einleitung, Begriff, Abgrenzung usw.: E. Fischer. — Technik und Methode: Mollison. — Physische Anthropologie: E. Fischer. — Die Abstammung des Menschen und die ältesten Menschenformen: G. Schwalbe. — Prähistorische Archäologie: M. Hoernes. Ethnologie: Fr. Graebner. — Sozial-Anthropologie: A. Ploetz.

In dem Werk wird erstmalig ein abgerundetes Bild der Gesamtgebiete der Anthropologie, Völkerkunde und Urgeschichte in streng wissenschaftlicher und zugleich gemeinverständlichen Darstellung aus der Feder bester Kenner geboten. Zunächst entwirft Schwalbe eine meisterhafte Schilderung des Abstammungsproblems des Menschen, Fischer und Mollison stellen die spezielle Anthropologie dar. Hoernes schuf ein großzügiges Bild der „prähistorischen Archäologie", Graebner das Gegenbild der heutigen Völkerkunde. Die Anwendung auf das Leute bringt Ploetz in dem Schlußabschnitt „Sozialanthropologie und Rassenhygiene".

Verlag von B. G. Teubner in Leipzig und Berlin

Preisänderung vorbehalten

Zellen- u. Gewebelehre, Morphologie u. Entwicklungsgeschichte

Unter Redaktion von Geh. Reg.-Rat Dr. *E. Strasburger*, weil. Prof. a. d. Univ. Bonn, und Geh. Medizinalrat Dr. *O. Hertwig*, Prof. a. d. Univ. Berlin, bearb. von *E. Strasburger, W. Benecke, R. v. Hertwig, H. Poll, O. Hertwig, K. Heider, F. Keibel, E. Gaupp.*

I: **Botanischer Teil.** Mit 135 Abb. im Text. [VII u. 388 S.] Lex.-8. 1913. Geh. M. 100.—, geb. M. 150.—

II: **Zoologischer Teil.** Mit 413 Abb. i. Text. [VII u. 538 S.] Lex.-8. 1913. Geh. M. 137.50, geb. M. 187.50. (Die Kultur der Gegenwart hrsg. von Prof. Dr. *P. Hinneberg*. Teil III, Abt. IV, Bd. 2 I u. II.)

Inhalt: Pflanzliche Zellen- und Gewebelehre von *E. Strasburger*. — Morphologie u. Entwicklungsgeschichte der Pflanzen von *W. Benecke*.

Inhalt: Die einzelligen Organismen von *R. v. Hertwig*. Zellen und Gewebe des Tierkörpers von *H. Poll*. — Allgemeine und experimentelle Morphologie und Entwicklungslehre der Tiere von *O. Hertwig*. — Entwicklungsgeschichte und Morphologie der Wirbellosen von *K. Heider*. — Entwicklungsgeschichte der Wirbeltiere von *F. Keibel*. — Morphologie der Wirbeltiere von *E. Gaupp*.

„Hier ist durch gründliche Arbeit hervorragender Fach- und Sachkenner ein in seiner Art bisher einzig dastehendes Werk geschaffen, durch das unsere biologische Literatur eine sehr wesentliche Bereicherung erfährt." (Unterrichtsblätter f. Mathematik u. Naturw.)

Lehrbuch der Paläozoologie.

Von Dr. *E. Frhr. Stromer v. Reichenbach*, Prof. an der Universität München. gr. 8. 2 Teile. Geb. je M. 80.-

I. Teil: **Wirbellose Tiere.** Mit 398 Abb. [X u. 342 S.] 1909.

II. Teil: **Wirbeltiere.** Mit 234 Abb. [XIII u. 325 S.] 1912.

„Der Text des durch und durch wissenschaftlichen Werkes ist mit Rücksicht auf den dem Verfasser zugestandenen Raum vorzüglich konzentriert und abgewogen, das Bildmaterial sorgsam u. unter Ausschluß phantasievoller „Rekonstruktionen" ausgewählt, die wichtigste Literatur jeweils genau zusammengestellt; auch zusammenfassende Übersichtstabellen fehlen keineswegs. Angesichts dessen ist es nicht zu bezweifeln, daß das gediegen sachliche Werk nicht nur in den engen Spezialistenkreisen, sondern auch in der weiteren ernsten Gebildetenwelt die dankbare Aufnahme finden wird, welche es allseits verdient."
(Mitteilungen der Anthropol. Gesellschaft)

Experimentelle Zoologie.

Von Dr. *T. H. Morgan*, Prof. an der Columbia Univ. New-York. Unter verantwortlicher Mitredaktion von Dr. *L. Rhumbler*, Prof. an der Forstlichen Hochschule Hann.-Münden. Übersetzt von *Helen Rhumbler*. Vom Verfasser autorisierte und von ihm mit Zusätzen und Verbesserungen versehene deutsche Ausgabe. Mit zahlreichen Abb. im Text. [X u. 570 S.] gr. 8. 1909. Geh. M. 88.—, geb. M. 96.—

Zoologisches Wörterbuch.

Von Dr. *Th. Knottnerus-Meyer*, Dir. d. zool. Gartens, Rom. [217 S.] 8. 1920. (Teubners kl. Fachwörterb. 2.) Geb. M. 40.-

Gibt in etwa 4000 Stichwörtern eine sachliche und wortableitende Erklärung der zoologischen Fachausdrücke und eine kurze Beschreibung aller Klassen und Ordnungen des Tierreichs sowie der wichtigsten Familien und Arten nach Bau, Lebensweise und geographischer Verbreitung.

Botanisches Wörterbuch.

Von Dr. *O. Gerke*, Hannover. Mit 103 Abb. [VI. u. 221 S.] 8. 1919. (Teubners kl. Fachwörterbücher Bd. 1.) Geb. M. 40.-

Gibt in mehr als 5000 Stichwörtern eine sachliche und worterklärende Umschreibung der wichtigeren Pflanzennamen und botanischen Fachausdrücke, und zwar enthält es die lateinischen griechischen Artbezeichnungen und Gattungsnamen der Pflanzen, die wissenschaftlichen und deutschen Namen der Familien und größeren Gruppen, die nach Bau, Eigentümlichkeiten und Verwendbarkeit beschrieben werden. Die praktischen Bedürfnisse der Apotheker, Forstleute, Landwirte und Gärtner sind besonders in Rücksicht gezogen.

Verlag von B. G. Teubner in Leipzig und Berlin

Preisänderung vorbehalten

MIX
Papier aus verantwortungsvollen Quellen
Paper from responsible sources
FSC® C105338

If you have any concerns about our products,
you can contact us on
ProductSafety@springernature.com

In case Publisher is established outside the EU,
the EU authorized representative is:
Springer Nature Customer Service Center GmbH
Europaplatz 3, 69115 Heidelberg, Germany

Printed by Libri Plureos GmbH
in Hamburg, Germany